数学の**かんどころ** 23

連立方程式から学ぶ 行列・行列式
意味と計算の完全理解

岡部恒治／長谷川愛美／村田敏紀　著

共立出版

編集委員会

飯高　茂　（学習院大学名誉教授）
中村　滋　（東京海洋大学名誉教授）
岡部　恒治　（埼玉大学名誉教授）
桑田　孝泰　（東海大学）

「数学のかんどころ」
刊行にあたって

　数学は過去，現在，未来にわたって不変の真理を扱うものであるから，誰でも容易に理解できてよいはずだが，実際には数学の本を読んで細部まで理解することは至難の業である．線形代数の入門書として数学の基本を扱う場合でも著者の個性が色濃くでるし，読者はさまざまな学習経験をもち，学習目的もそれぞれ違うので，自分にあった数学書を見出すことは難しい．山は1つでも登山道はいろいろあるが，登山者にとって自分に適した道を見つけることは簡単でないのと同じである．失敗をくり返した結果，最適の道を見つけ登頂に成功すればよいが，無理した結果諦めることもあるであろう．

　数学の本は通読すら難しいことがあるが，そのかわり最後まで読み通し深く理解したときの感動は非常に深い．鋭い喜びで全身が包まれるような幸福感にひたれるであろう．

　本シリーズの著者はみな数学者として生き，また数学を教えてきた．その結果えられた数学理解の要点（極意と言ってもよい）を伝えるように努めて書いているので読者は数学のかんどころをつかむことができるであろう．

　本シリーズは，共立出版から昭和50年代に刊行された，数学ワンポイント双書の21世紀版を意図して企画された．ワンポイント双書の精神を継承し，ページ数を抑え，テーマをしぼり，手軽に読める本になるように留意した．分厚い専門のテキストを辛抱強く読み通すことも意味があるが，薄く，安価な本を気軽に手に取り通読して自分の心にふれる個所を見つけるような読み方も現代的で悪くない．それによって数学を学ぶコツが分かればこれは大きい収穫で一生の財産と言

えるであろう．

　「これさえ摑めば数学は少しも怖くない，そう信じて進むといいですよ」と読者ひとりびとりを励ましたいと切に思う次第である．

編集委員会と著者一同を代表して

　　　　　　　　　　　　　　　　　　　　　　　　　　飯高　茂

はじめに

　筆者が大学に入学したときに，高校では行列が教えられていませんでした．ですから，大学の数学の時間に，初めて線形代数を学んだとき，まったく未知の概念による新しい数学のとらえ方にわくわくしたものです．

　一時期，2×2 行列が高校のカリキュラムに入ってきた時代が続いて，大学の基礎教育の上で，それなりに役立っていました．しかし，今世紀に入ってからの学習指導要領の2回目の改訂で，行列がほとんど消滅したといってよい状態になりました[1],[2]．結局，私たちが大学に入った時代に戻ったわけで，線形代数を学ぶ（教える）ときには，このことに注意をする必要があります．

　さて，本書は，「数学が得意とはいえない学生」に行列と行列式を理解してもらおうと書いたものです．そのために，なるべくわかりやすい説明を心がけ，厳密性よりも直観的なわかりやすさをとることにしました．

---

1) 20世紀末の学習指導要領では，行列は計算だけで，授業時間数削減が教育課程審議会で決定されていた．だから，行列が削減対象になるのは必然だった．とはいえ，そうなったことについて，学習指導要領の協力者であった著者もその責任の一端を負わねばならない．
2) ほかの項目との関連もあるので，このことを一般論として評価することはここでは避ける．

数学が得意でない学生にとって，式の中に Σ が出てくるだけで，気持ちがひるむといいます．本書では，それらの記号はほとんど使っていません．

　それでも，最後の章の証明を含めて読み通すと，行列と行列式についての基本的な内容についての一通りのことは理解でき，今までの教科書の結果となんら変わることのないものが得られるでしょう．私は，同じ結果が得られるのなら，とっつきやすい方法を選ぶことにいささかの躊躇もありません．むしろ，そのほうが「ものごとを簡単にする」という数学の本質に迫るものと考えているのです．

　私もそうでしたが，今までの大学教育では，行列を「ベクトルの一次変換を表したもの」とするのが一般的です．しかし，「行列式の概念を最初に考えたのは和算家の関孝和で，それは，連立一次方程式の解の分析のためだった」という事実は，連立一次方程式から行列を導入するのはむしろ正道と思われます．なにより，経済学をはじめとする「文系」では，この観点がより重要です．そう考えて，本書では，行列を連立方程式との関係を中心に導入しました．

　さきに，「本書は数学が得意とはいえない学生のために書いた」と申し上げました．しかし，その方々はもとより，数学が得意な方にも本書をご一読いただき，行列と行列式の新しい見方を味わっていただければ，著者望外の幸せです．

　最後になりましたが，お忙しい中，査読いただいた編集委員の先生方（とりわけ桑田先生）には多くのご指摘をいただきました．また編集部の野口，赤城，三浦の3氏にも多大なご援助をいただきました．ここに感謝の意を表したいと思います．

目　次

はじめに　v

第 1 章　行列式とは何か　　1
　1.1　連立方程式の解の状態は？　2
　1.2　連立方程式の判別式＝行列式　7

第 2 章　行列とベクトルとは　　13
　2.1　行列とベクトルの定義　14
　2.2　ベクトルの和・差と実数倍　20
　2.3　ベクトルの内積とその性質　28
　2.4　行列の和・差・実数倍　31

第 3 章　行列の乗法　　43
　3.1　行列の掛け算とは　44
　3.2　連立方程式への応用例 1　51
　3.3　連立方程式への応用例 2　58

第 4 章　逆行列と連立方程式　　65
　4.1　逆行列の定義の準備　66
　4.2　逆行列の定義　70

4.3　2×2行列の場合　　75

第5章　行列式の定義　　87
5.1　3×3, 4×4 の行列式　　88

第6章　特殊な行列の行列式　　95
6.1　行列式がすぐ計算できる行列　　96
6.2　2つの重要な定理　　102
6.3　転置行列に関する定理を利用する　　108
6.4　1行目での展開　　112

第7章　行列式の計算の工夫　　117
7.1　「基本行列」による行列の変形　　118
7.2　基本行列の積で行列式は不変　　124

第8章　入れ替え行列　　133
8.1　列と列，あるいは行と行を入れ替える行列　　134
8.2　入れ替えた行列の行列式は？　　139
8.3　ある行（列）がすべて0なら　　146

第9章　行列式の展開　　151
9.1　行列式の列展開　　152
9.2　行列式の行展開　　160

第10章　逆行列の求め方と連立方程式への利用　　169
10.1　逆行列の計算　　170
10.2　連立方程式の解　　181

目次　ix

第11章　証明　……………………………………………… **191**

11.1　定理証明の準備のための性質　192

11.2　いよいよ定理の証明へ　196

11.3　証明の完結へ　206

章末問題の略解　211
索引　219

第 1 章

行列式とは何か

　行列がどういうものであるかを説明するために，次の連立一次方程式（以下，連立方程式とよびます）を考えましょう．少し煩わしいかもしれませんが，比較のために，それまでの手順のステップを分けて書いておきます．ステップ数の数え方は微妙に違うかもしれませんが，おおざっぱな比較のためですから，細かい違いは許してください．

1.1 連立方程式の解の状態は？

連立一次方程式とその解

例 1.1

$$\begin{cases} 16x - 5y = 43 & \cdots ① \\ 18x - 7y = 47 & \cdots ② \end{cases}$$

この場合は未知数が (x, y) の 2 つ（「2 元」といいます）なので，すぐに連立方程式を解くことができます．この場合，未知数の 1 つ（たとえば，この場合 y）を減らすだけで，すぐに別の未知数の値が決定できます．それには，例えば①の両辺を 7 倍し（ステップ 1），②の両辺を 5 倍して（ステップ 2）その両辺同士の差をとればよいのですね．

$$\begin{cases} 112x - 35y = 301 & \cdots ③ \\ 90x - 35y = 235 & \cdots ④ \end{cases}$$

つまり，③ - ④ より，$22x = 66$（ステップ 3）．これから，両辺を 22 で割って，$x = 3$（ステップ 4）となります．

さらに，これを①に代入して，$y = 1$ となります（ステップ 5）．この方法で手順数の合計は 5 です．

しかし，未知数が 3 つ，4 つ，…，とたくさん出てきた場合は，手順数がさらに多くなります．

たとえば，次の 3 つの方程式Ⅰ，Ⅱ，Ⅲから 3 つの未知数（「3 元」といいます）x, y, z を計算する場合はどうでしょうか．

次の連立方程式をさきほどと同じように文字を消去して，解いてみましょう．

例 1.2

$$\begin{cases} 5x + 2y - 3z = 11 & \cdots \text{I} \\ 2x - 3y + 2z = 7 & \cdots \text{II} \\ 4x + 4y - 5z = 6 & \cdots \text{III} \end{cases}$$

まず，例 1.1 と同じような 3 段階のステップで，I $\times 2 +$ II $\times 3$ を計算しますと，$16x - 5y = 43 \cdots$ IV がでてきます．

また，II と III から同じく 3 段階のステップで，II $\times 5 +$ III $\times 2$ を計算しますと，z が消去されて，$18x - 7y = 47 \cdots$ V がでてきます．

ここまで作業を進めると，上の IV と V は，前の例の①と②だということがわかります．したがって，ここから x と y を求める作業は，ここで 5 ステップずつ必要です（ここまで 11 ステップ）．さらに，最初の式，例えば I に x, y を代入して z だけの式にして（ステップ 12），z を求めます（ステップ 13）．

こうして，3 元だと，2 元の場合（5 ステップ）の 2 倍以上の手順数になります．

未知数が 4 つ，5 つ，$\cdots$，とたくさん出てきた場合はこの方法では，手順の数が倍，その倍，$\cdots$となって，どんどん増えていきます．

また，未知数がたくさん出てきた場合には，だんだん込み入ってきて，解いていく過程での計算ミスも起きやすくなります．この計算の構造を解析し，計算をすっきりさせたのが関孝和です．

本書で学ぶ「行列」と「行列式」は，未知数がたくさん出てきた

場合の連立方程式の解法をシステマティックにし，なお，見やすい形にしたものです．

しかし，行列・行列式の効用は，連立方程式を解きやすくするためだけではありません．

まず，行列式は連立方程式を解いていくにあたって，カギになる値となります．高校のとき，2次方程式の判別式を学びましたね．そして，その判別式は，実数解が存在するかどうかの判別を与える式でした．それだけではなく，グラフの形状や，最大値・最小値，極値など，高校数学の問題の全般にかかわっていました．

行列式も連立方程式の判別式と考えることができます．実際，2次方程式を行列で表現することにより，行列式と判別式の軽い接触を確認できます[3]．

行列・行列式も，やはり判別式と同様に，一次変換，群の表現，…と数学のあらゆる分野の基本的な道具として使われています．

早速，具体例を挙げましょう．

例 1.3

$$\begin{cases} 2x + 3y = 14 \\ 5x + 4y = 21 \end{cases} \quad \cdots ①$$

この連立方程式①の解は $(x=1, y=4)$ です．

この場合，(x,y) の値がただ1つだけ決まります．

このように，連立方程式の解がただ1つ出てくることを「連立方程式が一意的に解ける」あるいは「連立方程式の解がただ1つに決まる」といいます．

---

[3] この件に関してはこの章の終わりで述べる．

1.1 連立方程式の解の状態は？

しかし，すべての連立方程式の解がただ 1 つに決まるとは限りません．

「ただ 1 つだけ解がある」の否定はなんでしょうか？

この否定は「解が 1 つもない」と「2 つ以上の解がある」の 2 通りあります．例えば，次の場合を見てみます．

例 1.4

$$\begin{cases} x + 4y = 14 \\ 2x + 8y = 28 \end{cases} \quad \cdots ②$$

上の②の式に $(x=2, y=3)$ を入れてみてください．$2 + 4 \times 3 = 14$ ですし，また，$2 \times 2 + 8 \times 3 = 28$ で，成り立っています．ですから，$(x=2, y=3)$ は②の解です．

でも，$(x=6, y=2)$ を代入しても成り立ちます．実は，この連立方程式②は，座標平面上，$(x=2, y=3)$ と $(x=6, y=2)$ を通る直線上のすべての (x, y) がみたします．なぜなら，②の式の上の方程式を両辺 2 倍したものが下の式になっており，連立しているように見えて，実質の式は $x + 4y = 14$ の 1 つだけだったからです．

そして，「$(x=2, y=3)$ と $(x=6, y=2)$ を通る直線」とは，$x + 4y = 14$ のことで，この上の点はすべて連立方程式（実は 1 つの方程式）をみたすのは当然だったのです．

こうして，②には解の組が無数に考えられます．この場合，連立方程式（実は 1 つの方程式）の解は 1 つだけではなく複数個（実際は無限個）あるということになります．

このように連立方程式の解が 1 つではなく複数個あることを「不定」といいます．

また，連立方程式の解がただ1つだけ出てくるとはいえない例として，次のように全く解が存在しない場合もあります．

例 1.5

$$\begin{cases} 3x + 2y = 10 \\ 9x + 6y = 16 \end{cases} \cdots ③$$

この連立方程式③もまた，ただ1つだけ出てくるとはいえません．というのは，③の2つの方程式を同時にみたす (x,y) の解の組は1つも存在しないのです．この場合，連立方程式の解は1つもないということになります．今度の場合は，③の左辺だけを見てください．左辺だけ見ると，この場合も，下の式は上の式の3倍になっています．ところが右辺については，下の式は上の式の3倍ではありません．この段階で，③の2つの方程式が相容れないことがわかるのです．つまり，2つの式をみたす点は座標平面上で平行な直線上にあり，共有点をもたないので，③をみたす解がないのは当然だったのです．

このように連立方程式の解が1つも存在しない場合を「**不能**」といいます．

このように連立方程式の解が「ただ1つだけ出てくる」か，どうかは，2元連立方程式なら，2つの方程式を見比べるだけでもわかります．しかし，3元以上の未知数のときは，今のところ「1つずつ文字数を減らしていく」という計算法で，実際に解いてみるまでわかりません．

しかし，連立方程式の判別式ともいうべき，「行列式」を使うと連立方程式の解が「ただ1つだけ出てくる」か，どうかの判別がわりと簡便にできるようになります．

1.2 連立方程式の判別式 = 行列式

🌱 行列式の定義

　では,実際に簡単な場合の「行列式」を定義してみましょう.

　前々ページと前ページの例 1.4 と例 1.5 の左辺の式だけを見てください.②では上の式の 2 倍が下の式で,③では上の式の 3 倍が下の式になっています.そして,②では右辺の値も上の値の 2 倍が下の値となって,2 つの式が完全に一致しています.一方,③では,右辺の上の値の 3 倍が下の値にならないために連立方程式が解をもてなくなっています.

　つまり,不定の場合も不能の場合も左辺の形は同じで,例 1.4 の場合,連立方程式なのに,方程式が 1 本になってしまう.そして例 1.5 の場合にはそれさえもおかしくなっていることがその要因です.

　つまり,2 元連立方程式がただ一組の解をもつためには,2 つの真に異なる方程式が必要で,その条件は左辺の形にあることがわかります.

　このことを分析するために,連立方程式の行列式が考えられました.少々天下り的ですが,未知数が 2 つのとき行列式は次のように定義します[4]).

---

[4]) 「行列が出てこないのに,行列式とは?」,「行列式 D の意味は?」などの疑問は 3 章以降で詳しく説明する.ここでは,この式がある種の判定条件になっていることだけ見ておくこと.

定義 1.6　2元連立方程式と行列式

連立方程式 $\begin{cases} ax + cy = p \\ bx + dy = q \end{cases}$ における値 $ad-bc$ をこの連立方程式の**行列式**といい，記号 D で表します．つまり，$D = ad - bc$ です．

さきほどの連立方程式①〜③でこの行列式を求めてみるとどうなるかを見てみましょう．

まず，最初の例で見た連立方程式①です．

$$\begin{cases} 2x + 3y = 14 \\ 5x + 4y = 21 \end{cases} \quad \cdots ①$$

この連立方程式では，$a=2, b=5, c=3, d=4$ ですから，行列式 $D = ad - bc$ は，次のように計算されます．

$$\begin{aligned} D &= ad - bc \\ &= 2 \times 4 - 5 \times 3 = 8 - 15 \\ &= -7 \end{aligned}$$

よって連立方程式①では，$D = -7$ となります．

次の例で見た連立方程式②ではどうでしょう．この場合は解をただ1つだけではなく複数個もつ場合でした．

$$\begin{cases} x + 4y = 14 \\ 2x + 8y = 28 \end{cases} \quad \cdots ②$$

この連立方程式②では，行列式 $D = ad - bc$ において $a=1, b=2, c=4, d=8$ ですから，連立方程式②での行列式 D は，

$$D = ad - bc$$
$$= 1 \times 8 - 2 \times 4 = 8 - 8$$
$$= 0$$

よって連立方程式②では，$D = 0$ となります．

最後の例は，連立方程式③です．この場合は解を1つももちませんでした．

$$\begin{cases} 3x + 2y = 10 \\ 9x + 6y = 16 \end{cases} \cdots ③$$

この例では，$a = 3, b = 9, c = 2, d = 6$ ですから，行列式 $D = ad - bc$ は，

$$D = ad - bc$$
$$= 3 \times 6 - 9 \times 2 = 18 - 18$$
$$= 0$$

よって連立方程式③では，$D = 0$ となります．

ここまで連立方程式①〜③とそれらの行列式を見てきましたが，連立方程式①での行列式 D は $D = -7 \neq 0$ であったのに対して，連立方程式②，③での行列式 D はそれぞれ $D = 0$ でした．

これから以下のことが予想されます．

性質1.7　2元連立方程式の解の判別

2元連立方程式の解が一意的 $\Rightarrow$ 行列式 D において $D \neq 0$ です．

[証明]

この性質の対偶である「$D = 0 \Rightarrow$ 2元連立方程式の解が一意的で

ない」を示すことができます．

$$\text{もし,} \begin{cases} ax + cy = p \\ bx + dy = q \end{cases} \cdots ①$$

において，$D = ad - bc = 0$ とすると，①の式の両辺に d を掛け，下の式の両辺に c を掛けると，以下のようになります．

$$\begin{cases} adx + cdy = dp \\ bcx + dcy = cq \end{cases} \cdots ②$$

この②の式は $D = ad - bc = 0$ の条件から，

$$\begin{cases} adx + cdy = dp \\ adx + cdy = cq \end{cases} \cdots ③$$

と変形されて，この 2 式の左辺が等しいことより，

ア) $dp = cq$ のときは，1 つの式になって，$adx + cdy = dp$ をみたす直線上のすべての点 (x, y) が方程式をみたします．

イ) $dp \neq cq$ のときは，解がありません．

いずれの場合も，「ただ 1 組の解をもつ」が成り立ちません． □

性質 1.7 の逆として，以下の性質も成り立つことがわかります．

性質 1.8

2 元連立方程式 $\begin{cases} ax + cy = p \\ bx + dy = q \end{cases}$ において，$D = ad - bc$ としたとき，$D \neq 0$ ならば，この連立方程式はただ 1 つの解をもつ．

[証明]

実際，$x = \dfrac{dp - cq}{ad - bc}, y = \dfrac{-bp + aq}{ad - bc}$ として代入してみましょう．こ

の x, y の分母は D ですが，$D \neq 0$ ですから，問題なく値が定まり，連立方程式をみたすことがわかります．

また，この解を (x_0, y_0) として，これと異なる解 (x_1, y_1) が存在すると仮定すると，$\begin{cases} ax_0 + cy_0 = p \\ bx_0 + dy_0 = q \end{cases}$ と $\begin{cases} ax_1 + cy_1 = p \\ bx_1 + dy_1 = q \end{cases}$ を同時にみたします．

それぞれの上の式と下の式の辺々を引くと，

$$\begin{cases} a(x_0 - x_1) + c(y_0 - y_1) = 0 \\ b(x_0 - x_1) + d(y_0 - y_1) = 0 \end{cases}$$

となります．

条件より，$x_0 - x_1 \neq 0$ または $y_0 - y_1 \neq 0$（異なる解！）であるといえます．いま，$x_0 - x_1 \neq 0$ とすると，$a = -\dfrac{y_0 - y_1}{x_0 - x_1} c, b = -\dfrac{y_0 - y_1}{x_0 - x_1} d$ であって，$D = ad - bc = 0$ となり矛盾します．もう1つの，$y_0 - y_1 \neq 0$ の場合も同じように計算すれば，$D = ad - bc = 0$ となり矛盾します． □

性質 1.8 の対偶から，「2元連立方程式の解が不定もしくは不能 ⇒ 行列式 D において $D = 0$ である」といえます．

以上のことから行列式 D を使うことで，2元連立方程式の解が「ただ1つである」か，否かの判別ができるだろうと考えられるのです．

いま，2元連立方程式の場合で「解がただ1つである」ための条件を考えてきました．では，3元以上の連立方程式の場合には，「解がただ1つである」ための条件はどのように書き表されるのでしょうか．

実は3元以上の連立方程式の場合でも行列式が定義できて，その行列式を用いて，連立方程式の解が「ただ1つだけ出てくる」か，否かの判別をすることができます．

3元以上の連立方程式の解の判別については2章以降で見ていくことにしましょう．

さて，ここでは行列式を表す記号を D としました．他の記号でも良さそうな気はしますが，これには理由があるのです．

この記号 D は determinant の頭文字です．determinant には決定要素，判別要素という意味があるのですが，この判別という言葉が出てくると高校数学で学ぶ2次方程式の解の判別式 D（こちらは discriminant の D）のことを思い浮かべる人もいるかもしれません．語源的には違いますが，かなり似た意味をもち，2次方程式とそれを表現する行列で抵触しているところが微妙です[5]．

1章の問題

1. 行列式を用いて，次の連立方程式がただ1つだけの解をもつ（一意的に解ける）かどうかを調べなさい．またその連立方程式がただ1つだけの解をもつ場合はその解を，ただ1つだけの解をもたない場合はその連立方程式が無数の解をもつ（不定）のか，それとも1つの解ももたない（不能）のかを調べなさい．

1. $\begin{cases} 3x + 8y = 28 \\ 5x + 4y = 28 \end{cases}$
2. $\begin{cases} 3x + 2y = 7 \\ 9x + 6y = 21 \end{cases}$
3. $\begin{cases} 5x - 4y = 13 \\ 4x + 3y = -2 \end{cases}$

4. $\begin{cases} 4x + 6y = 7 \\ 6x + 9y = 10 \end{cases}$
5. $\begin{cases} 2x - 3y = 14 \\ 6x - 9y = 54 \end{cases}$
6. $\begin{cases} -3x + 6y = 12 \\ 4x - 8y = 16 \end{cases}$

---

[5] 2次方程式を「2次形式」で表現すると，元の2次方程式の判別式は2次形式の行列式になる．

第 2 章

行列とベクトルとは

　前章では，2元連立方程式には解が「ただ1つ」である場合の他に，解が複数個ある場合や解が1つも無い場合が考えられること，そして2元連立方程式の解のもち方を調べる方法として行列式を扱うことを学んできました．
　この章ではまず，本書の基本となる行列とベクトルを定義していきます．

2.1 行列とベクトルの定義

行列の定義

定義 2.1 行列

数や文字を長方形状に並べて,両側を括弧でくくったものを行列といい,行列内に並べられた数字や文字を,その行列の成分といいます.さらに,行列の成分の横の並びを行,縦の並びを列といいます.

さらに,行数が m,列数が n の行列を m 行 n 列の行列といい,簡略化して $m \times n$ 行列とも表します.

例 2.2 行列の例

$$\begin{pmatrix} 2 & 5 \\ -3 & 1 \end{pmatrix}, \begin{pmatrix} 7 \\ 4 \end{pmatrix}, (a, b, c), \begin{pmatrix} 3 & -2 & 7 \\ 9 & 4 & 5 \end{pmatrix} \text{など}$$

例 2.3 行列の行と列の対応

$$\begin{pmatrix} 3 & 7 & 4 \\ 1 & 9 & 5 \\ \vdots & \vdots & \vdots \end{pmatrix} \begin{matrix} \cdots \text{第 1 行} \\ \cdots \text{第 2 行} \\ \end{matrix}$$

第1列 第2列 第3列

上の行列は行が 2 つ,列が 3 つあるので 2 行 3 列の行列で,

2×3 行列と書くこともあります．

また，行列の第 i 行にあり，かつ第 j 列にある成分を (i,j) 成分といいます．行列の (i,j) 成分を記号 a_{ij} で表すのが普通です．

次の例 2.4 のように，a_{ij} の i と j には，一般には数字が入ります．

例 2.4　行列の成分の表記

例 2.2 の行列 $\begin{pmatrix} 3 & -2 & 7 \\ 9 & 4 & 5 \end{pmatrix}$ の成分において第 2 行第 3 列には 5 があるので，「この行列の $(2,3)$ 成分は 5」といい，$a_{23} = 5$ と表されます．

同様にして，$a_{11} = 3, a_{12} = -2, a_{13} = 7, a_{21} = 9, a_{22} = 4$ と表されます．

定義 2.5　正方行列

行列の行の個数と列の個数が等しい行列を**正方行列**といいます．とくに正方行列の行（列）の個数が n 個の正方行列を $\boldsymbol{n}$ 次正方行列または $\boldsymbol{n \times n}$ 行列といいます．

例 2.6　正方行列の例

$$\begin{pmatrix} 1 & 3 \\ 5 & 7 \end{pmatrix} \cdots 2 \times 2 \text{ 行列}$$

$$\begin{pmatrix} 1 & 2 & 3 \\ 4 & 5 & 6 \\ 7 & 8 & 9 \end{pmatrix} \cdots 3 \times 3 \text{ 行列}$$

$$\begin{pmatrix} a_{11} & a_{12} & \cdots & a_{1n} \\ a_{21} & a_{22} & \cdots & a_{2n} \\ \vdots & \vdots & \ddots & \vdots \\ a_{n1} & a_{n2} & \cdots & a_{nn} \end{pmatrix} \cdots n \times n \text{ 行列}$$

（ただし，n は自然数が入ります．すなわち $n = 1, 2, \cdots$ です．）

今後，ベクトル以外の行列は一部の例外を除いて正方行列を扱っていくことにします．

2章では，連立方程式を行列で表せることを示し，連立方程式と行列を関連付けます．そのため，ここでいくつかの準備をしておきましょう．

ベクトルの定義

では，ここで行列と同様に本書でよく用いる「ベクトル」を定義しておきましょう．ベクトルは高校数学でも登場しますが，高校数学のベクトルは「方向と大きさが定まった量」として，主に平面図形や空間図形を扱うベクトル（幾何ベクトル）として登場します．

ですが，本書で扱うベクトルはそのような図形を扱う幾何ベクトルとしてではなく，数を縦または横に何個か並べたものと定義します．その見方に立てば，ベクトルは行列の特別な場合と考えることもできます．一般にこの2つには異なる表記法が用いられていますが，そこはあまり気にしないでください．

定義 2.7 ベクトル

数や文字を縦1列，あるいは横1行に並べて括弧でくくったものをベクトルといいます．

また，ベクトル内に並べられた数字や文字をそのベクトルの**成分**といいます．

定義 2.8　ベクトルの表し方・縦ベクトルと横ベクトル

ベクトルのうち，(a, b, c) のように，成分を横 1 行に並べたものを**横ベクトル**（または**行ベクトル**）といいます．この方が行数を節約できるので，こちらの方をよく使います．高校でもほとんど横ベクトルを用いてきたことと思います．

一方，同じ成分でも，$\begin{pmatrix} a \\ b \\ c \end{pmatrix}$ のように，ベクトルの成分を縦 1 列に並べたベクトルを**縦ベクトル**（または**列ベクトル**）といいます．

例 2.9　ベクトルの例

横ベクトルの例：$(5, 3)$，$(-1, 9, 4)$，(a, b, c) など

縦ベクトルの例：$\begin{pmatrix} 1 \\ 7 \end{pmatrix}$ や $\begin{pmatrix} 4 \\ 3 \\ 6 \end{pmatrix}$ など

ベクトルを表す記号として通常の数字と区別する必要があるため，文字の上部に矢印を付けます．

例 2.10　ベクトルを表す文字

$$\vec{a}, \vec{b}, \vec{x}, \vec{y} \quad \text{など}$$

$\vec{a} = (5, 3), \vec{b} = (-1, 9, 4), \vec{x} = (a, b, c)$　などとして用います．

定義 2.11　ベクトルの相等

ベクトルが等しいとは，ベクトル内の成分が等しく，また成分の順序もすべて等しいことをいいます．

例 2.12　ベクトルの相等

$$(a,b) = (c,d) \quad \Leftrightarrow \quad a=c, b=d$$
$$(x,y,z) = (\alpha,\beta,\gamma) \quad \Leftrightarrow \quad x=\alpha, y=\beta, z=\gamma$$

　この例で見るように，成分が2つのベクトルでは，それぞれのベクトルの第1成分と第2成分がそれぞれ等しいとき（例2.12でいうと，$a=c$，かつ$b=d$のとき），ベクトルが等しいといいます．

　同様にして，成分が3つの場合では，それぞれのベクトルの第1成分と第2成分と第3成分が同時にそれぞれ等しいとき，ベクトルが等しいといいます．

　また，ベクトルの成分に同じ数字が使われていても，その順序が異なるときは，等しいベクトルではありません．

例 2.13　ベクトルが等しくない例

$$(2,5) \neq (5,2) \quad (4,1,3) \neq (3,4,1)$$

$$\begin{pmatrix} 1 \\ 7 \end{pmatrix} \neq \begin{pmatrix} 7 \\ 1 \end{pmatrix}$$

　原則的に縦ベクトルと横ベクトルは異なるベクトルとして扱います．ですが，これらを同じベクトルとしてみなすこともありますし，縦ベクトルで書くとスペースが足りない場合など，横ベクトルで代用することもあります．

定義 2.14　転置ベクトル

縦ベクトルを横ベクトルとして，また横ベクトルを縦ベクトルとして扱うようにしたベクトルを**転置ベクトル**といい，記号 ^{t} を用いて表します．この t は transposed の頭文字です．

例 2.15　縦ベクトルの転置ベクトル

転置ベクトルでの縦ベクトルと横ベクトルの変換は，以下のようになります．

○横から縦へ　$\begin{pmatrix} 4 \\ 7 \end{pmatrix} = {}^t(4, 7)$　　$\begin{pmatrix} 1 \\ 2 \\ 4 \end{pmatrix} = {}^t(1, 2, 4)$

○縦から横へ　$(9, 1) = {}^t\begin{pmatrix} 9 \\ 1 \end{pmatrix}$　　$(5, 6, 2) = {}^t\begin{pmatrix} 5 \\ 6 \\ 2 \end{pmatrix}$

なお，以下では成分が n 個ある縦ベクトルを $n \times 1$ 行列とみなすことがあり，成分が n 個ある横ベクトルを $1 \times n$ 行列とみなすことがあります．

例 2.16　ベクトルと行列の同一視

$\begin{pmatrix} 6 \\ 2 \end{pmatrix}$　　成分が 2 つある縦ベクトル　……　2×1 行列

$\begin{pmatrix} x \\ y \\ z \end{pmatrix}$　　成分が 3 つある縦ベクトル　……　3×1 行列

(3, 6)　成分が2つある横ベクトル　……　1×2 行列[6]

(5, 7, 3)　成分が3つある横ベクトル　……　1×3 行列

以後本書では，特に断りがない限り，ベクトルと行列を同じものとして論を進めます．

さて，ベクトルと行列の基本的な演算について見ていくことにしましょう．ベクトルの和，差，スカラー倍の内容はすでに高校で学んでいます．ですから，思い出していただくために，定義や演算，性質などを述べるに留めます[7]．

2.2　ベクトルの和・差と実数倍

ベクトルの演算

ベクトルの和と差では，成分数が異なるものについては考えません．また，横ベクトルと縦ベクトルとの演算は定義できないとします．つまり，成分数が等しく，縦か横かが一致している場合についてのみ考えます．

---

[6]　(3, 6) と同じ成分の行列はカンマを付けないで，(3　6) と表すが，場合によっては同一視する．
[7]　章末問題を確認してこの章を飛ばしてもよい．不安のある方は，自分が使った教科書，あるいは市販本では，『もう一度読む　数研の高校数学』岡部恒治他（2011 年）などを参照すること．

定義 2.17　ベクトルの加法・減法

ベクトルの**加法・減法**は，互いのベクトル内の順序が対応する各成分の和・差をとったものです．

ここでは具体的に，ベクトルの成分の個数が 2 個と 3 個の場合のときの加法・減法を定義します．

Ⅰ．横ベクトルの加法・減法

① 成分が 2 つの場合の横ベクトルの加法・減法は以下のように定めます．

2 つのベクトル $\vec{x} = (a, b), \vec{y} = (c, d)$ において，

ベクトル $\vec{x}, \vec{y}$ の和 $\vec{x} + \vec{y}$ を $\vec{x} + \vec{y} = (a+c, b+d)$ として，

ベクトル $\vec{x}, \vec{y}$ の差 $\vec{x} - \vec{y}$ を $\vec{x} - \vec{y} = (a-c, b-d)$ とします．

② 成分が 3 つの場合の横ベクトルの加法・減法は以下のように定めます．

2 つのベクトル $\vec{x} = (a, b, c), \vec{y} = (d, e, f)$ において，

ベクトル $\vec{x}, \vec{y}$ の和 $\vec{x} + \vec{y}$ を $\vec{x} + \vec{y} = (a+d, b+e, c+f)$ として，ベクトル $\vec{x}, \vec{y}$ の差 $\vec{x} - \vec{y}$ を $\vec{x} - \vec{y} = (a-d, b-e, c-f)$ とします．

Ⅱ．縦ベクトルの加法・減法

③ 成分が 2 つの場合の縦ベクトルの加法・減法は以下のように定めます．

2 つのベクトル $\vec{x} = \begin{pmatrix} a \\ b \end{pmatrix}, \vec{y} = \begin{pmatrix} c \\ d \end{pmatrix}$ において，

ベクトル $\vec{x}, \vec{y}$ の和 $\vec{x} + \vec{y}$ を $\vec{x} + \vec{y} = \begin{pmatrix} a+c \\ b+d \end{pmatrix}$ として，

ベクトル $\vec{x}, \vec{y}$ の差 $\vec{x} - \vec{y}$ を $\vec{x} - \vec{y} = \begin{pmatrix} a - c \\ b - d \end{pmatrix}$ とします.

④ 成分が3つの場合の縦ベクトルの加法・減法は以下のように定めます.

2つのベクトル $\vec{x} = \begin{pmatrix} a \\ b \\ c \end{pmatrix}, \vec{y} = \begin{pmatrix} d \\ e \\ f \end{pmatrix}$ において,

ベクトル $\vec{x}, \vec{y}$ の和 $\vec{x} + \vec{y}$ を $\vec{x} + \vec{y} = \begin{pmatrix} a + d \\ b + e \\ c + f \end{pmatrix}$ として,

ベクトル $\vec{x}, \vec{y}$ の差 $\vec{x} - \vec{y}$ を $\vec{x} - \vec{y} = \begin{pmatrix} a - d \\ b - e \\ c - f \end{pmatrix}$ とします.

ベクトルの加法・減法は,ベクトルの成分の個数が4つ以上の場合でも,ベクトルの成分の個数が等しければ,各成分ごとのそれぞれの和・差として定めることができます.

例 2.18　ベクトルの加法・減法

加法・減法の具体例をいくつか見てみましょう.

1. $(2, 3) + (4, 5)$
   $= (2 + 4, 3 + 5)$
   $= (6, 8)$

2. $(9, 7) - (6, 1)$
   $= (9 - 6, 7 - 1)$
   $= (3, 6)$

3. $(6, 3, 4) + (5, 2, 7)$
   $= (6 + 5, 3 + 2, 4 + 7)$
   $= (11, 5, 11)$

4. $(4, 5, 9) - (1, 8, 2)$
   $= (4 - 1, 5 - 8, 9 - 2)$
   $= (3, -3, 7)$

5. $\begin{pmatrix} 3 \\ -1 \end{pmatrix} + \begin{pmatrix} -7 \\ 4 \end{pmatrix}$

   $= \begin{pmatrix} 3 + (-7) \\ (-1) + 4 \end{pmatrix}$

   $= \begin{pmatrix} -4 \\ 3 \end{pmatrix}$

6. $\begin{pmatrix} -2 \\ 1 \end{pmatrix} - \begin{pmatrix} 4 \\ -5 \end{pmatrix}$

   $= \begin{pmatrix} -2 - 4 \\ 1 - (-5) \end{pmatrix}$

   $= \begin{pmatrix} -6 \\ 6 \end{pmatrix}$

7. $\begin{pmatrix} 2 \\ -4 \\ 5 \end{pmatrix} + \begin{pmatrix} 3 \\ -9 \\ -7 \end{pmatrix}$

   $= \begin{pmatrix} 2 + 3 \\ (-4) + (-9) \\ 5 + (-7) \end{pmatrix}$

   $= \begin{pmatrix} 5 \\ -13 \\ -2 \end{pmatrix}$

8. $\begin{pmatrix} 9 \\ -7 \\ 8 \end{pmatrix} - \begin{pmatrix} -5 \\ -6 \\ 4 \end{pmatrix}$

   $= \begin{pmatrix} 9 - (-5) \\ (-7) - (-6) \\ 8 - 4 \end{pmatrix}$

   $= \begin{pmatrix} 14 \\ -1 \\ 4 \end{pmatrix}$

また，ベクトルの加法の定義から，次のことが簡単に確かめられます．

性質 2.19 **ベクトルの加法における結合法則・交換法則**

すべてのベクトル $\vec{x}, \vec{y}, \vec{z}$ について，以下のことが成り立ちます．

  I. $(\vec{x} + \vec{y}) + \vec{z} = \vec{x} + (\vec{y} + \vec{z})$

  II. $\vec{x} + \vec{y} = \vec{y} + \vec{x}$

ここで，I. のことを，ベクトルの加法についての**結合法則**といいます．

また，Ⅱ．のことを**ベクトルの加法についての交換法則**といいます．

次に，ベクトルのスカラー倍を定義します．

定義 2.20　ベクトルのスカラー倍（定数倍）
　ベクトルのスカラー倍とは，ベクトルの各成分に，ある定数（数字や数字を表す文字）を掛ける演算です．

ここで具体的に，ベクトルの成分の個数が 2 個と 3 個の場合のときのスカラー倍を定義します．

Ⅰ．横ベクトルのスカラー倍
①　成分が 2 つの場合の横ベクトルのスカラー倍は以下のようになります．
　　ベクトル $\vec{x} = (a, b)$ と定数 k において，
　　ベクトル $\vec{x}$ の k 倍を $k\vec{x} = (ka, kb)$ とします．
②　成分が 3 つの場合の横ベクトルのスカラー倍は以下のようになります．
　　ベクトル $\vec{x} = (a, b, c)$ と定数 k において，
　　ベクトル $\vec{x}$ の k 倍を $k\vec{x} = (ka, kb, kc)$ とします．

Ⅱ．縦ベクトルのスカラー倍
③　成分が 2 つの場合の縦ベクトルのスカラー倍は以下のようになります．
　　ベクトル $\vec{x} = \begin{pmatrix} a \\ b \end{pmatrix}$ と定数 k において，
　　ベクトル $\vec{x}$ の k 倍を $k\vec{x} = \begin{pmatrix} ka \\ kb \end{pmatrix}$ とします．

④ 成分が3つの場合の縦ベクトルのスカラー倍は以下のようになります。

ベクトル $\vec{x} = \begin{pmatrix} a \\ b \\ c \end{pmatrix}$ と定数 k において，

ベクトル $\vec{x}$ の k 倍を $k\vec{x} = \begin{pmatrix} ka \\ kb \\ kc \end{pmatrix}$ とします．

このように，定数 k について，k 倍の演算は，k をベクトルの各成分に掛ければよく，ベクトルの成分の個数が4つ以上の場合でも同じようにスカラー倍を定めることができます．以後，定数のことを「スカラー」ということもあります．

例 2.21　ベクトルのスカラー倍の具体例

実際にいくつかのベクトルについて，スカラー倍を計算してみます．

1. $3(1,4) = (3 \times 1, 3 \times 4)$
   $= (3, 12)$

2. $7(-2,5) = (7 \times (-2), 7 \times 5)$
   $= (-14, 35)$

3. $4(-2,1,-1)$
   $= (4 \times (-2), 4 \times 1, 4 \times (-1))$
   $= (-8, 4, -4)$

4. $-2(3,1,0)$
   $= ((-2) \times 3, (-2) \times 1, (-2) \times 0)$
   $= (-6, -2, 0)$

5. $2 \begin{pmatrix} 1 \\ 4 \end{pmatrix} = \begin{pmatrix} 2 \times 1 \\ 2 \times 4 \end{pmatrix}$
   $= \begin{pmatrix} 2 \\ 8 \end{pmatrix}$

6. $5 \begin{pmatrix} -3 \\ 2 \end{pmatrix} = \begin{pmatrix} 5 \times (-3) \\ 5 \times 2 \end{pmatrix}$
   $= \begin{pmatrix} -15 \\ 10 \end{pmatrix}$

7. $3\begin{pmatrix} 8 \\ -5 \\ -2 \end{pmatrix} = \begin{pmatrix} 3\times 8 \\ 3\times (-5) \\ 3\times (-2) \end{pmatrix}$ 8. $-5\begin{pmatrix} -2 \\ 1 \\ 3 \end{pmatrix} = \begin{pmatrix} (-5)\times (-2) \\ (-5)\times 1 \\ (-5)\times 3 \end{pmatrix}$

$\qquad\qquad = \begin{pmatrix} 24 \\ -15 \\ -6 \end{pmatrix}$ $\qquad\qquad\qquad = \begin{pmatrix} 10 \\ -5 \\ -15 \end{pmatrix}$

また，スカラー倍の定義から以下のことがすぐにわかります．

例 2.22

ベクトル $\vec{x}$ に 0 をスカラー倍として掛けると，ベクトル $0\vec{x}$ の成分はすべて 0 になります．

1. $0(7, -9)$
   $= (0\times 7, 0\times (-9))$
   $= (0, 0)$

2. $0(-5, 3, -2)$
   $= (0\times (-5), 0\times 3, 0\times (-2))$
   $= (0, 0, 0)$

3. $0\begin{pmatrix} -5 \\ 4 \end{pmatrix} = \begin{pmatrix} 0\times (-5) \\ 0\times 4 \end{pmatrix}$
   $= \begin{pmatrix} 0 \\ 0 \end{pmatrix}$

4. $0\begin{pmatrix} 5 \\ -3 \\ 7 \end{pmatrix} = \begin{pmatrix} 0\times 5 \\ 0\times (-3) \\ 0\times 7 \end{pmatrix}$
   $= \begin{pmatrix} 0 \\ 0 \\ 0 \end{pmatrix}$

ベクトルの成分がすべて 0 になるようなベクトルは，足し算の「単位元」という特別な役割があるので，名前が付けられ，表し方もあります．

定義 2.23　**零ベクトル**

　ベクトル内のすべての成分が 0 であるベクトルを零ベクトルといいます．

　また，零ベクトルを $\vec{0}$ と表します．

この零ベクトルに関しては，以下のこともすぐわかります．

性質 2.24　**零ベクトルにおける性質**

　すべてのベクトル $\vec{x}$ と零ベクトル $\vec{0}$ について，以下のことが成り立ちます．

I．$\vec{x} + \vec{0} = \vec{0} + \vec{x} = \vec{x}$
II．$\vec{x} + (-\vec{x}) = (-\vec{x}) + \vec{x} = \vec{0}$
III．$0\vec{x} = \vec{0}$
IV．$a\vec{0} = \vec{0}$

さらに，ベクトルのスカラー倍の定義から，次のことを簡単に示すことが出来ます．

性質 2.25　**ベクトルのスカラー倍における性質**

　すべてのベクトル $\vec{x}, \vec{y}$ とすべての定数 a, b について，以下のことが成り立ちます．

V．$a(\vec{x} + \vec{y}) = a\vec{x} + a\vec{y}$
VI．$(a + b)\vec{x} = a\vec{x} + b\vec{x}$
VII．$(ab)\vec{x} = a(b\vec{x})$
VIII．$1\vec{x} = \vec{x}$
IX．$(-1)\vec{x} = -\vec{x}$

　特に，V，VIのことを，ベクトルの**分配法則**といいます．

　また，これらの性質は独立ではありません．たとえば，IXは

Ⅵの式に $a=1$, $b=-1$ を代入して，Ⅲの式と比べることで得られます．

ここまでに紹介したベクトルの各性質は，ベクトル計算をする場合の基本的な性質です．

2.3 ベクトルの内積とその性質

ベクトルの内積

次は，行列の乗法を学ぶにあたって重要になってくるベクトルの「内積」について定義しましょう．

定義 2.26　ベクトルの内積

２つのベクトルの成分の個数が等しいとき，互いのベクトル内の順序が対応する成分どうしを掛け合わせた積をすべて足し合わせた値をベクトルの**内積**といい，２つのベクトル $\vec{x}, \vec{y}$ の内積を $\vec{x} \cdot \vec{y}$ と表します．

このとき，ベクトルの内積を表す「・」を省略したり，「・」を使わずに「×」を使ったりしてはいけません．

また，本書では特に断りがない限り，ベクトルの内積を考える場合には，ベクトル内の成分はすべて実数とします．

ここでも具体的に，ベクトルの成分の個数が２個と３個の場合のときの内積を定義します．

Ⅰ. 横ベクトルの内積
① 横ベクトル内の成分が2つの場合の内積は以下のようになります．
2つのベクトル $\vec{x} = (a,b), \vec{y} = (c,d)$ において，
ベクトル $\vec{x}, \vec{y}$ の内積 $\vec{x} \cdot \vec{y}$ を $\vec{x} \cdot \vec{y} = ac + bd$ とします．
② 横ベクトル内の成分が3つの場合の内積は以下のようになります．
2つのベクトル $\vec{x} = (a,b,c), \vec{y} = (d,e,f)$ において，
ベクトル $\vec{x}, \vec{y}$ の内積 $\vec{x} \cdot \vec{y}$ を $\vec{x} \cdot \vec{y} = ad + be + cf$ とします．

Ⅱ. 縦ベクトルの内積
③ 縦ベクトル内の成分が2つの場合の内積は以下のようになります．
2つのベクトル $\vec{x} = \begin{pmatrix} a \\ b \end{pmatrix}, \vec{y} = \begin{pmatrix} c \\ d \end{pmatrix}$ において，
ベクトル $\vec{x}, \vec{y}$ の内積 $\vec{x} \cdot \vec{y}$ を $\vec{x} \cdot \vec{y} = ac + bd$ とします．
④ 横ベクトル内の成分が3つの場合の内積は以下のようになります．
2つのベクトル $\vec{x} = \begin{pmatrix} a \\ b \\ c \end{pmatrix}, \vec{y} = \begin{pmatrix} d \\ e \\ f \end{pmatrix}$ において，
ベクトル $\vec{x}, \vec{y}$ の内積 $\vec{x} \cdot \vec{y}$ を $\vec{x} \cdot \vec{y} = ad + be + cf$ とします．

このように，ベクトルの内積の演算は，2つのベクトルについて，1番目どうし，2番目どうし，3番目どうしと同じ成分を掛け合わせてから，それらの積をすべてを加えたものです．
また，ベクトルの成分の個数が等しければ，ベクトルの成分の個数が4つ以上の場合でも，同じ順番の成分を掛けてから加えることで内積を定義できます．

例 2.27　ベクトルの内積

横ベクトルでの内積の演算は以下のようになります．

1. $(9, 2) \cdot (4, 5)$
   $= 9 \times 4 + 2 \times 5$
   $= 46$

2. $(2, -3) \cdot (-4, 1)$
   $= 2 \times (-4) + (-3) \times 1$
   $= -11$

3. $(7, -2, 0) \cdot (-4, 5, 1)$
   $= 7 \times (-4) + (-2) \times 5 + 0 \times 1$
   $= -38$

4. $(4, 3, -2) \cdot (3, 2, 9)$
   $= 4 \times 3 + 3 \times 2 + (-2) \times 9$
   $= 0$

縦ベクトルでの内積の演算は以下のようになります．

5. $\begin{pmatrix} 6 \\ 5 \end{pmatrix} \cdot \begin{pmatrix} 2 \\ -2 \end{pmatrix}$
   $= 6 \times 2 + 5 \times (-2)$
   $= 2$

6. $\begin{pmatrix} 4 \\ -7 \end{pmatrix} \cdot \begin{pmatrix} -8 \\ -5 \end{pmatrix}$
   $= 4 \times (-8) + (-7) \times (-5)$
   $= 3$

7. $\begin{pmatrix} 8 \\ 3 \\ -9 \end{pmatrix} \cdot \begin{pmatrix} 5 \\ -3 \\ 3 \end{pmatrix} = 8 \times 5 + 3 \times (-3) + (-9) \times 3$
   $= 4$

8. $\begin{pmatrix} 7 \\ -5 \\ 6 \end{pmatrix} \cdot \begin{pmatrix} 8 \\ 4 \\ -6 \end{pmatrix} = 7 \times 8 + (-5) \times 4 + 6 \times (-6)$
   $= 0$

また，定義 2.26 から，各ベクトルをそれぞれ成分で表して，計算すれば次の性質が成り立つことがわかります．

| 性質 2.28 | **ベクトルの内積における性質**

すべてのベクトル $\vec{x}, \vec{y}, \vec{z}$ と定数 a について，以下のことが成り立ちます．

I．$\vec{x} \cdot (\vec{y} + \vec{z}) = \vec{x} \cdot \vec{y} + \vec{x} \cdot \vec{z}$ ，$(\vec{x} + \vec{y}) \cdot \vec{z} = \vec{x} \cdot \vec{z} + \vec{y} \cdot \vec{z}$

II．$(a\vec{x}) \cdot \vec{y} = a(\vec{x} \cdot \vec{y})$ ，$\vec{x} \cdot (a\vec{y}) = a(\vec{x} \cdot \vec{y})$

III．$\vec{x} \cdot \vec{y} = \vec{y} \cdot \vec{x}$

IV．$\vec{x} \cdot \vec{x} \geq 0$　特に，$\vec{x} \cdot \vec{x} = 0 \iff \vec{x} = \vec{0}$

2.4　行列の和・差・実数倍

🌱 行列のベクトル的扱い

　この章の前のほう（16 ページ）で，「ベクトルは行列の特別な場合」と書きました．つまり，ベクトルは，数字が 1 列（あるいは 1 行）に並べてある行列でした．ということは，$n \times n$ 行列は $n \times n$ 個の数字を 1 列ではなく n 列に（n 行に）並べたベクトルと考えることができます．

　そのように考えると，行列の和，差，スカラー倍がすぐに定義され，ベクトルで示された性質が同じように成り立つことがただちに理解されるでしょう．

　しばらくはベクトルの定義と性質をなぞっていくことになります．

定義 2.29　行列の相等

2つの行列 A と B の行数と列数が等しく，かつ行列の対応する位置にある成分がすべて等しいとき，A, B が**等しい**といい，$A = B$ と書きます．

具体的には，$A = B$ とは，A の (i,j) 成分を a_{ij} とし，B の (i,j) 成分を b_{ij} とするとき，各 i, j について，$a_{ij} = b_{ij}$ をみたしているときのことです．

例 2.30

とくに，2×2 行列と 3×3 行列について，詳しく見ておきます．

Ⅰ．2×2 行列の相等

2つの行列 $X = \begin{pmatrix} a & c \\ b & d \end{pmatrix}, Y = \begin{pmatrix} e & g \\ f & h \end{pmatrix}$ において，

$X = Y$ つまり，$\begin{pmatrix} a & c \\ b & d \end{pmatrix} = \begin{pmatrix} e & g \\ f & h \end{pmatrix} \Leftrightarrow a = e, b = f, c = g, d = h$ とします．

Ⅱ．3×3 行列の相等

2つの行列 $X = \begin{pmatrix} a & d & g \\ b & e & h \\ c & f & k \end{pmatrix}, Y = \begin{pmatrix} l & p & s \\ m & q & t \\ n & r & u \end{pmatrix}$ において，$X = Y$

つまり，$\begin{pmatrix} a & d & g \\ b & e & h \\ c & f & k \end{pmatrix} = \begin{pmatrix} l & p & s \\ m & q & t \\ n & r & u \end{pmatrix} \Leftrightarrow \begin{cases} a = l, d = p, g = s \\ b = m, e = q, h = t \\ c = n, f = r, k = u \end{cases}$

とします．

🌿 行列の和と差

$n \times n$ 行列は $n \times n$ 個の成分をもつベクトルと考えられ，その和と差はベクトルの和と差の考え方を用います．

ベクトルの演算で最初に定義したように，行列の演算でも，まずは和と差について見ていきます．

行列の和・差では，2つの行列の行数と列数が等しいときに演算を行えるとして，2つの行列の行数と列数のいずれか，あるいは両方とも異なる場合は，行列の演算が定義できないとします．

定義 2.31　行列の和・差

2つの $m \times n$ 行列 A と B の和・差は，2つの行列の位置が対応する各成分の和・差をとったものです．

つまり，具体的には，A の (i,j) 成分を a_{ij} とし，B の (i,j) 成分を b_{ij} とするとき，$A+B$ の (i,j) 成分を $a_{ij}+b_{ij}$ とするのです．同じく，$A-B$ の (i,j) 成分は $a_{ij}-b_{ij}$ とします．

ここでも，2×2 行列と 3×3 行列の和と差を具体的な形で確認しておきましょう．

I.　2×2 行列の場合

2つの行列 $X = \begin{pmatrix} a & c \\ b & d \end{pmatrix}, Y = \begin{pmatrix} e & g \\ f & h \end{pmatrix}$ において，

行列 X, Y の和 $X+Y$ を $X+Y = \begin{pmatrix} a+e & c+g \\ b+f & d+h \end{pmatrix}$ として，

行列 X, Y の差 $X-Y$ を $X-Y = \begin{pmatrix} a-e & c-g \\ b-f & d-h \end{pmatrix}$ とします．

II. 3×3 行列の場合

2つの行列 $X = \begin{pmatrix} a & d & g \\ b & e & h \\ c & f & k \end{pmatrix}, Y = \begin{pmatrix} l & p & s \\ m & q & t \\ n & r & u \end{pmatrix}$ において,

行列 X, Y の和 $X+Y$ を $X + Y = \begin{pmatrix} a+l & d+p & g+s \\ b+m & e+q & h+t \\ c+n & f+r & k+u \end{pmatrix}$ と

して,

行列 X, Y の差 $X-Y$ を $X - Y = \begin{pmatrix} a-l & d-p & g-s \\ b-m & e-q & h-t \\ c-n & f-r & k-u \end{pmatrix}$ と

します.

このように,行列の和・差は2つ(または3つ以上)の行列の行数と列数が等しいときであれば,他の $m \times n$ 行列どうしの演算の場合でも,同じように計算できます.

例 2.32　行列の和・差

2×2 行列での和・差の演算は以下のようになります.

1. $\begin{pmatrix} 3 & 2 \\ 8 & 1 \end{pmatrix} + \begin{pmatrix} 7 & 4 \\ 0 & 9 \end{pmatrix}$ 2. $\begin{pmatrix} 5 & 4 \\ 6 & 3 \end{pmatrix} - \begin{pmatrix} 1 & 2 \\ 0 & 3 \end{pmatrix}$

 $= \begin{pmatrix} 3+7 & 2+4 \\ 8+0 & 1+9 \end{pmatrix}$ $= \begin{pmatrix} 5-1 & 4-2 \\ 6-0 & 3-3 \end{pmatrix}$

 $= \begin{pmatrix} 10 & 6 \\ 8 & 10 \end{pmatrix}$ $= \begin{pmatrix} 4 & 2 \\ 6 & 0 \end{pmatrix}$

3×3 行列での和・差の演算は以下のようになります.

3. $\begin{pmatrix} 3 & -2 & 8 \\ 5 & 6 & -4 \\ -1 & 9 & 7 \end{pmatrix} + \begin{pmatrix} 7 & 8 & 4 \\ -5 & 1 & -3 \\ 2 & -6 & 9 \end{pmatrix}$

$= \begin{pmatrix} 3+7 & (-2)+8 & 8+4 \\ 5+(-5) & 6+1 & (-4)+(-3) \\ (-1)+2 & 9+(-6) & 7+9 \end{pmatrix}$

$= \begin{pmatrix} 10 & 6 & 12 \\ 0 & 7 & -7 \\ 1 & 3 & 16 \end{pmatrix}$

4. $\begin{pmatrix} 5 & 9 & 4 \\ 0 & -3 & -6 \\ -2 & 1 & 3 \end{pmatrix} - \begin{pmatrix} 1 & 2 & 6 \\ -3 & 0 & -5 \\ 4 & -8 & 7 \end{pmatrix}$

$= \begin{pmatrix} 5-1 & 9-2 & 4-6 \\ 0-(-3) & (-3)-0 & (-6)-(-5) \\ (-2)-4 & 1-(-8) & 3-7 \end{pmatrix}$

$= \begin{pmatrix} 4 & 7 & -2 \\ 3 & -3 & -1 \\ -6 & 9 & -4 \end{pmatrix}$

また，行列の和の定義により，行列についても，ベクトルと同様に次のことが簡単に確かめられます．

性質 2.33 行列の加法における結合法則・交換法則

すべての行列 X, Y, Z について，以下のことが成り立ちます．

I. $(X+Y)+Z = X+(Y+Z)$

Ⅱ．$X + Y = Y + X$

　ここで，Ⅰのことを，行列の加法についての**結合法則**といいます．また，Ⅱのことを行列の加法についての**交換法則**といいます．

次に，行列のスカラー倍を定義します．

定義 2.34　行列のスカラー倍（定数倍）

　行列の**定数倍**とは，行列の各成分に，ある定数（数字や数字を表す文字）を掛けることで計算できる演算です．

　この演算のことを，行列の**スカラー倍**といいます．

　一般に，すべての $m \times n$ 行列に対しても，行列のスカラー倍が定義できます．本書では，2×2 行列と 3×3 行列を扱うことが多いため，ここで具体的に，2×2 行列と 3×3 行列の場合のときのスカラー倍を見ておきます．

　Ⅰ．2×2 行列のスカラー倍

　　行列 $X = \begin{pmatrix} a & c \\ b & d \end{pmatrix}$ と定数 t において，

　　行列 X のスカラー倍 tX を $tX = \begin{pmatrix} ta & tc \\ tb & td \end{pmatrix}$ とします．

　Ⅱ．3×3 行列のスカラー倍

　　行列 $X = \begin{pmatrix} a & d & g \\ b & e & h \\ c & f & k \end{pmatrix}$ と定数 t において，

　　行列 X のスカラー倍 tX を $tX = \begin{pmatrix} ta & td & tg \\ tb & te & th \\ tc & tf & tk \end{pmatrix}$ とします．

2.4 行列の和・差・実数倍

このように，行列のスカラー倍の演算は，定数 t を行列の各成分に掛ければよく，他の $m \times n$ 行列の場合でも同じようにスカラー倍の演算ができます．

例 2.35　行列のスカラー倍

2×2 行列でのスカラー倍は以下のようになります．

1. $5 \begin{pmatrix} 3 & 1 \\ 4 & 6 \end{pmatrix}$
$= \begin{pmatrix} 5 \times 3 & 5 \times 1 \\ 5 \times 4 & 5 \times 6 \end{pmatrix}$
$= \begin{pmatrix} 15 & 5 \\ 20 & 30 \end{pmatrix}$

2. $3 \begin{pmatrix} -1 & 5 \\ 7 & -4 \end{pmatrix}$
$= \begin{pmatrix} 3 \times (-1) & 3 \times 5 \\ 3 \times 7 & 3 \times (-4) \end{pmatrix}$
$= \begin{pmatrix} -3 & 15 \\ 21 & -12 \end{pmatrix}$

3×3 行列でのスカラー倍は以下のようになります．

3. $3 \begin{pmatrix} -5 & 1 & 7 \\ 0 & 4 & -2 \\ 2 & -1 & 3 \end{pmatrix} = \begin{pmatrix} 3 \times (-5) & 3 \times 1 & 3 \times 7 \\ 3 \times 0 & 3 \times 4 & 3 \times (-2) \\ 3 \times 2 & 3 \times (-1) & 3 \times 3 \end{pmatrix}$
$= \begin{pmatrix} -15 & 3 & 21 \\ 0 & 12 & -6 \\ 6 & -3 & 9 \end{pmatrix}$

4. $-2 \begin{pmatrix} 2 & 9 & 7 \\ 5 & 1 & 8 \\ -4 & -6 & 3 \end{pmatrix} = \begin{pmatrix} (-2) \times 2 & (-2) \times 9 & (-2) \times 7 \\ (-2) \times 5 & (-2) \times 1 & (-2) \times 8 \\ (-2) \times (-4) & (-2) \times (-6) & (-2) \times 3 \end{pmatrix}$
$= \begin{pmatrix} -4 & -18 & -14 \\ -10 & -2 & -16 \\ 8 & 12 & -6 \end{pmatrix}$

また，スカラー倍の定義から，ベクトルのスカラー倍のときと同様に，以下のことが簡単にわかります．

例 2.36
行列 X に 0 をスカラー倍として掛けると，行列 $0X$ の成分はすべて 0 になります．

1. $0 \begin{pmatrix} 4 & -1 \\ 3 & 2 \end{pmatrix}$
$= \begin{pmatrix} 0 \times 4 & 0 \times (-1) \\ 0 \times 3 & 0 \times 2 \end{pmatrix}$
$= \begin{pmatrix} 0 & 0 \\ 0 & 0 \end{pmatrix}$

2. $0 \begin{pmatrix} -1 & -5 & 9 \\ 6 & -4 & 2 \\ 3 & 7 & 8 \end{pmatrix}$
$= \begin{pmatrix} 0 \times (-1) & 0 \times (-5) & 0 \times 9 \\ 0 \times 6 & 0 \times (-4) & 0 \times 2 \\ 0 \times 3 & 0 \times 7 & 0 \times 8 \end{pmatrix}$
$= \begin{pmatrix} 0 & 0 & 0 \\ 0 & 0 & 0 \\ 0 & 0 & 0 \end{pmatrix}$

行列の成分がすべて 0 の行列は，特別な意味があり，それゆえこの行列には名前と記号があります．

定義 2.37　零行列
行列内のすべての成分が 0 である行列を**零行列**といい，O（大文字オー）で表します．特に $n \times n$ 零行列を表したい場合は O_n と表します．この「零行列」は「れい行列」ですが，一般には，「ゼロ行列」と読む人が多いようです（読みやすいから）．

例 2.38　零行列の例

$$\begin{pmatrix} 0 & 0 \\ 0 & 0 \end{pmatrix} = O_2, \quad \begin{pmatrix} 0 & 0 & 0 \\ 0 & 0 & 0 \\ 0 & 0 & 0 \end{pmatrix} = O_{3,n個} \left\{ \begin{pmatrix} \overbrace{0 \ 0 \ \cdots \ 0}^{n\text{個}} \\ 0 \ 0 \ \cdots \ 0 \\ \vdots \ \vdots \ \ddots \ \vdots \\ 0 \ 0 \ \cdots \ 0 \end{pmatrix} = O_n \right.$$

零行列の定義から，ベクトルの議論と同じように，以下のこともわかります．

性質 2.39　零行列における性質

すべての行列 X と零行列 O について，以下のことが成り立ちます．

Ⅰ．$X + O = O + X = X$
Ⅱ．$X + (-X) = (-X) + X = O$

この性質から，零行列は，数の加法における 0 にあたる行列であることがわかります．

さらに，行列のスカラー倍の定義から次のことが簡単にいえます．

性質 2.40　行列のスカラー倍における性質

すべての行列 X, Y とすべての定数 a, b について，以下のことが成り立ちます．

Ⅰ．$a(X + Y) = aX + aY$
Ⅱ．$(a + b)X = aX + bX$
Ⅲ．$(ab)X = a(bX)$
Ⅳ．$1X = X$

特に，Ⅰ，Ⅱのことを，行列の**分配法則**といいます．

ここまで挙げた行列の各性質は，行列を学ぶ上で基本的な性質です．

また，行列については以下の性質も成り立ちます．次の性質は，性質 2.40 から簡単に示すことができます．

性質 2.41

すべての行列 X，零行列 O とすべての定数 a について，以下のことが成り立ちます．

I．$(-1)X = -X$
II．$0X = O$
III．$aO = O$

以上のことから，行列の加法・減法およびスカラー倍とベクトルの加法・減法およびスカラー倍は同じようにして演算が出来ることがわかります．

2章の問題

1. 次の行列の $(1,2)$ 成分と $(2,3)$ 成分を答えなさい.

1. $\begin{pmatrix} 3 & -2 & 1 \\ -4 & 0 & 7 \end{pmatrix}$ 2. $\begin{pmatrix} 9 & 6 & 3 \\ 8 & 5 & 2 \\ 7 & 4 & 1 \end{pmatrix}$ 3. $\begin{pmatrix} 1 & 0 & 0 & 0 \\ 0 & 1 & -5 & 0 \\ 0 & 0 & 1 & 0 \\ 0 & 0 & 0 & 1 \end{pmatrix}$

2. 次のベクトルの等号が成り立つように成分 x, y, z の値を求めなさい.

1. $(0, x) = (y, 5)$ 2. $\begin{pmatrix} x \\ y \\ 7 \end{pmatrix} = \begin{pmatrix} -2 \\ 0 \\ z \end{pmatrix}$

3. 次のベクトルを転置ベクトルで表しなさい.

1. $\begin{pmatrix} 5 \\ -8 \end{pmatrix}$ 2. $(5, -3, -1)$

4. 次のベクトルの計算をしなさい.

1. $(4, 3) + (1, 2)$ 2. $(3, -9) + (2, -2) + (4, 5)$

3. $\begin{pmatrix} 7 \\ 2 \\ 1 \end{pmatrix} + \begin{pmatrix} -3 \\ -4 \\ 0 \end{pmatrix} + \begin{pmatrix} -5 \\ -3 \\ 5 \end{pmatrix}$

4. $(7, -4, 6) + (1, -3, 5) + (-6, 1, 0)$ 5. $-2(4, -5)$

5. ベクトル $\vec{x}, \vec{y}$ をそれぞれ $\vec{x}=(1,-3,6), \vec{y}=(2,5,-4)$ とするとき，次のベクトルの計算をしなさい．ただし，a は定数とします．

　1. $-4(3\vec{x}-2\vec{y})$　2. $(a+4)\vec{x}$

6. 次のベクトル $\vec{x}, \vec{y}$ の内積 $\vec{x}\cdot\vec{y}$ の値を求めなさい．

　1. $\vec{x}=(3,-4), \vec{y}=(5,2)$　2. $\vec{x}=\begin{pmatrix}-3\\5\\1\end{pmatrix}, \vec{y}=\begin{pmatrix}2\\0\\-1\end{pmatrix}$

7. 次の行列の計算をしなさい．

　1. $\begin{pmatrix}3&2\\5&1\end{pmatrix}+\begin{pmatrix}0&9\\4&7\end{pmatrix}$　2. $\begin{pmatrix}5&1&2\\-2&0&1\\-4&-3&4\end{pmatrix}-\begin{pmatrix}0&1&4\\1&0&5\\2&-3&1\end{pmatrix}$

　3. $2\begin{pmatrix}-2&4&1\\3&-5&-1\\-1&0&2\end{pmatrix}$

第 3 章

行列の乗法

　行列もベクトルの仲間と考えて,和・差・スカラー倍を定めました.和,差の次の順番としては,掛け算(積)が考えられます.ということで,この章では行列の積について学びます.
　いかにも,順番で「行列の積」に回ってきたようですが,行列に積があるからこそ,連立方程式と行列が関連付けられ,さまざまな分析が可能になるのです.行列の本質を理解するためには,積の演算の理解と習熟が欠かせません.

3.1 行列の掛け算とは

定義 3.1 **行列の乗法**

以下のようにして行列の**乗法**を定義します．

以下の 2 つの行列 X, Y について，X は $p \times q$ 行列，Y は $q \times r$ 行列です．

$$X = \begin{pmatrix} x_{11} & x_{12} & \cdots & x_{1q} \\ x_{21} & x_{22} & \cdots & x_{2q} \\ \vdots & \vdots & \ddots & \vdots \\ x_{p1} & x_{p2} & \cdots & x_{pq} \end{pmatrix}, Y = \begin{pmatrix} y_{11} & y_{12} & \cdots & y_{1r} \\ y_{21} & y_{22} & \cdots & y_{2r} \\ \vdots & \vdots & \ddots & \vdots \\ y_{q1} & y_{q2} & \cdots & y_{qr} \end{pmatrix}$$

このとき行列 X, Y の積が定義できます．つまり，XY の (i, j) 成分を，行列 X の第 i 行と行列 Y の第 j 列の内積の値とするのです．すなわち，以下の式です．

$$XY \text{ の } (i, j) \text{ 成分} = (x_{i1}, x_{i2}, \cdots, x_{iq}) \cdot \begin{pmatrix} y_{1j} \\ y_{2j} \\ \vdots \\ y_{qj} \end{pmatrix}$$

$$= x_{i1}y_{1j} + x_{i2}y_{2j} + \cdots + x_{iq}y_{qj}$$

その結果，行列 XY は $p \times r$ 行列になります．

上に定義したように，行列 X, Y の積 XY は，行列 X の列数と，行列 Y の行数が一致する場合に定義できます．しかし，本書で使うのは，正方行列と正方行列の場合か，あるいは正方行列とベクトルの形をした行列（$1 \times n$ または $n \times 1$ の行列）の場合だけです．また，「4×4 行列までが理解できれば，一般の $n \times n$ 行列も簡単に理解できる」と考えられますので，以下の 4 パターンを中心

に扱います．4×4 行列は，その延長として軽く扱います．

Ⅰ．行列 X が 2×2 行列で，行列 Y が 2×1 行列（ベクトル形）の場合

行列 $X = \begin{pmatrix} a & c \\ b & d \end{pmatrix}$ と行列 $Y = \begin{pmatrix} x \\ y \end{pmatrix}$ の行列 X, Y の積 XY を

$$XY = \begin{pmatrix} a & c \\ b & d \end{pmatrix} \begin{pmatrix} x \\ y \end{pmatrix} = \begin{pmatrix} (a\ c) \cdot \begin{pmatrix} x \\ y \end{pmatrix} \\ (b\ d) \cdot \begin{pmatrix} x \\ y \end{pmatrix} \end{pmatrix}$$

$$= \begin{pmatrix} (a\ c) \cdot {}^t(x\ y) \\ (b\ d) \cdot {}^t(x\ y) \end{pmatrix} = \begin{pmatrix} ax + cy \\ bx + dy \end{pmatrix}$$

とします[8]．

この Y が，ベクトル $\vec{Y}$ のときも，$X\vec{Y}$ の結果は同じです．

Ⅱ．行列 X が 2×2 行列であり，行列 Y が 2×2 行列の場合

行列 $X = \begin{pmatrix} a & c \\ b & d \end{pmatrix}$ と行列 $Y = \begin{pmatrix} e & g \\ f & h \end{pmatrix}$ の行列 X, Y の積 XY を

$$XY = \begin{pmatrix} a & c \\ b & d \end{pmatrix} \begin{pmatrix} e & g \\ f & h \end{pmatrix} = \begin{pmatrix} (a\ c) \cdot \begin{pmatrix} e \\ f \end{pmatrix} & (a\ c) \cdot \begin{pmatrix} g \\ h \end{pmatrix} \\ (b\ d) \cdot \begin{pmatrix} e \\ f \end{pmatrix} & (b\ d) \cdot \begin{pmatrix} g \\ h \end{pmatrix} \end{pmatrix}$$

$$= \begin{pmatrix} (a\ c) \cdot {}^t(e\ f) & (a\ c) \cdot {}^t(g\ h) \\ (b\ d) \cdot {}^t(e\ f) & (b\ d) \cdot {}^t(g\ h) \end{pmatrix} = \begin{pmatrix} ae + cf & ag + ch \\ be + df & bg + dh \end{pmatrix}$$

とします．

---

[8] この積の定義のあとは，行数節約のため，縦ベクトルは，この式の 2 行目のように横ベクトルの転置した形で表す．これは，Ⅱ，Ⅲ，Ⅳについても同様．

Ⅲ. 行列 X が 3×3 行列であり，行列 Y が 3×1 行列（ベクトル形）の場合

行列 $X = \begin{pmatrix} a & d & g \\ b & e & h \\ c & f & k \end{pmatrix}$ と行列 $Y = \begin{pmatrix} x \\ y \\ z \end{pmatrix}$ において，X, Y の積 XY を

$$XY = \begin{pmatrix} a & d & g \\ b & e & h \\ c & f & k \end{pmatrix} \begin{pmatrix} x \\ y \\ z \end{pmatrix} = \begin{pmatrix} \begin{pmatrix} a & d & g \end{pmatrix} \cdot \begin{pmatrix} x \\ y \\ z \end{pmatrix} \\ \begin{pmatrix} b & e & h \end{pmatrix} \cdot \begin{pmatrix} x \\ y \\ z \end{pmatrix} \\ \begin{pmatrix} c & f & k \end{pmatrix} \cdot \begin{pmatrix} x \\ y \\ z \end{pmatrix} \end{pmatrix}$$

$$= \begin{pmatrix} \begin{pmatrix} a & d & g \end{pmatrix} \cdot {}^t\begin{pmatrix} x & y & z \end{pmatrix} \\ \begin{pmatrix} b & e & h \end{pmatrix} \cdot {}^t\begin{pmatrix} x & y & z \end{pmatrix} \\ \begin{pmatrix} c & f & k \end{pmatrix} \cdot {}^t\begin{pmatrix} x & y & z \end{pmatrix} \end{pmatrix} = \begin{pmatrix} ax + dy + gz \\ bx + ey + hz \\ cx + fy + kz \end{pmatrix}$$

とします．

Ⅰの場合と同様に，この Y が，ベクトル $\vec{Y}$ のときも，$X\vec{Y}$ の結果は同じです．

Ⅳ. 行列 X が 3×3 行列であり，行列 Y が 3×3 行列の場合

行列 $X = \begin{pmatrix} a & d & g \\ b & e & h \\ c & f & k \end{pmatrix}$ と行列 $Y = \begin{pmatrix} l & p & s \\ m & q & t \\ n & r & u \end{pmatrix}$ において，X, Y の積 XY は

$$XY = \begin{pmatrix} a & d & g \\ b & e & h \\ c & f & k \end{pmatrix} \begin{pmatrix} l & p & s \\ m & q & t \\ n & r & u \end{pmatrix}$$

$$= \begin{pmatrix} (a\ d\ g) \cdot \begin{pmatrix} l \\ m \\ n \end{pmatrix} & (a\ d\ g) \cdot \begin{pmatrix} p \\ q \\ r \end{pmatrix} & (a\ d\ g) \cdot \begin{pmatrix} s \\ t \\ u \end{pmatrix} \\ (b\ e\ h) \cdot \begin{pmatrix} l \\ m \\ n \end{pmatrix} & (b\ e\ h) \cdot \begin{pmatrix} p \\ q \\ r \end{pmatrix} & (b\ e\ h) \cdot \begin{pmatrix} s \\ t \\ u \end{pmatrix} \\ (c\ f\ k) \cdot \begin{pmatrix} l \\ m \\ n \end{pmatrix} & (c\ f\ k) \cdot \begin{pmatrix} p \\ q \\ r \end{pmatrix} & (c\ f\ k) \cdot \begin{pmatrix} s \\ t \\ u \end{pmatrix} \end{pmatrix}$$

$$= \begin{pmatrix} (a\ d\ g) \cdot {}^t(l\ m\ n) & (a\ d\ g) \cdot {}^t(p\ q\ r) & (a\ d\ g) \cdot {}^t(s\ t\ u) \\ (b\ e\ h) \cdot {}^t(l\ m\ n) & (b\ e\ h) \cdot {}^t(p\ q\ r) & (b\ e\ h) \cdot {}^t(s\ t\ u) \\ (c\ f\ k) \cdot {}^t(l\ m\ n) & (c\ f\ k) \cdot {}^t(p\ q\ r) & (c\ f\ k) \cdot {}^t(s\ t\ u) \end{pmatrix}$$

$$= \begin{pmatrix} al+dm+gn & ap+dq+gr & as+dt+gu \\ bl+em+hn & bp+eq+hr & bs+et+hu \\ cl+fm+kn & cp+fq+kr & cs+ft+ku \end{pmatrix}$$

とします.

例 3.2　行列の積の例

2×2 行列と 2×1 行列（ベクトル形）との積

$$\begin{pmatrix} 6 & 4 \\ 3 & 2 \end{pmatrix} \begin{pmatrix} 1 \\ 5 \end{pmatrix} = \begin{pmatrix} \begin{pmatrix} 6 & 4 \end{pmatrix} \cdot {}^t\begin{pmatrix} 1 & 5 \end{pmatrix} \\ \begin{pmatrix} 3 & 2 \end{pmatrix} \cdot {}^t\begin{pmatrix} 1 & 5 \end{pmatrix} \end{pmatrix} = \begin{pmatrix} 6 \times 1 + 4 \times 5 \\ 3 \times 1 + 2 \times 5 \end{pmatrix} = \begin{pmatrix} 26 \\ 13 \end{pmatrix}$$

2つの 2 × 2 行列の積

$$\begin{pmatrix} 1 & -2 \\ 8 & 3 \end{pmatrix} \begin{pmatrix} -3 & 4 \\ 5 & -2 \end{pmatrix}$$

$$= \begin{pmatrix} (1\ -2)\cdot {}^t(-3\ 5) & (1\ -2)\cdot {}^t(4\ -2) \\ (8\ 3)\cdot {}^t(-3\ 5) & (8\ 3)\cdot {}^t(4\ -2) \end{pmatrix}$$

$$= \begin{pmatrix} 1\times(-3)+(-2)\times 5 & 1\times 4+(-2)\times(-2) \\ 8\times(-3)+3\times 5 & 8\times 4+3\times(-2) \end{pmatrix}$$

$$= \begin{pmatrix} -13 & 8 \\ -9 & 26 \end{pmatrix}$$

3 × 3 行列と 3 × 1 行列（ベクトル形）との積

$$\begin{pmatrix} 3 & 1 & -1 \\ 0 & -1 & -5 \\ 1 & 0 & -2 \end{pmatrix} \begin{pmatrix} 2 \\ -5 \\ 1 \end{pmatrix} = \begin{pmatrix} (3\ 1\ -1)\cdot {}^t(2\ -5\ 1) \\ (0\ -1\ -5)\cdot {}^t(2\ -5\ 1) \\ (1\ 0\ -2)\cdot {}^t(2\ -5\ 1) \end{pmatrix}$$

$$= \begin{pmatrix} 3\times 2+1\times(-5)+(-1)\times 1 \\ 0\times 2+(-1)\times(-5)+(-5)\times 1 \\ 1\times 2+0\times(-5)+(-2)\times 1 \end{pmatrix}$$

$$= \begin{pmatrix} 0 \\ 0 \\ 0 \end{pmatrix}$$

2つの3×3行列の積

$$\begin{pmatrix} 1 & 3 & -2 \\ 5 & -4 & -1 \\ 2 & 0 & 1 \end{pmatrix} \begin{pmatrix} -5 & -2 & -1 \\ -3 & 0 & 3 \\ 4 & 2 & 1 \end{pmatrix}$$

$$= \begin{pmatrix} (1\ 3\ -2)\cdot {}^t(-5\ -3\ 4) & (1\ 3\ -2)\cdot {}^t(-2\ 0\ 2) & (1\ 3\ -2)\cdot {}^t(-1\ 3\ 1) \\ (5\ -4\ -1)\cdot {}^t(-5\ -3\ 4) & (5\ -4\ -1)\cdot {}^t(-2\ 0\ 2) & (5\ -4\ -1)\cdot {}^t(-1\ 3\ 1) \\ (2\ 0\ 1)\cdot {}^t(-5\ -3\ 4) & (2\ 0\ 1)\cdot {}^t(-2\ 0\ 2) & (2\ 0\ 1)\cdot {}^t(-1\ 3\ 1) \end{pmatrix}$$

$$= \begin{pmatrix} -22 & -6 & 6 \\ -17 & -12 & -18 \\ -6 & -2 & -1 \end{pmatrix}$$

また，行列の乗法の定義から次の性質が成り立つことがわかります．

性質3.3　行列の和と積における性質

3つの n 次（$n \times n$）正方行列 X, Y, Z と定数 a について，以下のことが成り立ちます．

Ⅰ．$(XY)Z = X(YZ)$
Ⅱ．$(X+Y)Z = XZ + YZ, X(Y+Z) = XY + XZ$
Ⅲ．$(aX)Y = a(XY), X(aY) = a(XY)$

この証明は，Ⅰが一番面倒です．でも，Ⅰも面倒なだけで，キチンと計算をすれば必ず成り立つことがわかります．2×2行列の場合で，このⅠが成り立つことを確かめてみましょう．Ⅱ，Ⅲについては，皆さん自分で確かめてください．

[証明]

行列をそれぞれ，$X = \begin{pmatrix} a & c \\ b & d \end{pmatrix}, Y = \begin{pmatrix} e & g \\ f & h \end{pmatrix}, Z = \begin{pmatrix} p & r \\ q & s \end{pmatrix}$ と

して，X, Y の積 XY は，すでに計算しました．これを用います．

$$(XY)Z = \left\{ \begin{pmatrix} a & c \\ b & d \end{pmatrix} \begin{pmatrix} e & g \\ f & h \end{pmatrix} \right\} \begin{pmatrix} p & r \\ q & s \end{pmatrix}$$

$$= \begin{pmatrix} ae+cf & ag+ch \\ be+df & bg+dh \end{pmatrix} \begin{pmatrix} p & r \\ q & s \end{pmatrix}$$

$$= \begin{pmatrix} (ae+cf)p+(ag+ch)q & (ae+cf)r+(ag+ch)s \\ (be+df)p+(bg+dh)q & (be+df)r+(bg+dh)s \end{pmatrix}$$

$$= \begin{pmatrix} aep+cfp+agq+chq & aer+cfr+ags+chs \\ bep+dfp+bgq+dhq & ber+dfr+bgs+dhs \end{pmatrix} \cdots ①$$

一方，Y, Z の積 YZ のほうから計算すると，

$$X(YZ) = \begin{pmatrix} a & c \\ b & d \end{pmatrix} \left\{ \begin{pmatrix} e & g \\ f & h \end{pmatrix} \begin{pmatrix} p & r \\ q & s \end{pmatrix} \right\}$$

$$= \begin{pmatrix} a & c \\ b & d \end{pmatrix} \begin{pmatrix} ep+gq & er+gs \\ fp+hq & fr+hs \end{pmatrix}$$

$$= \begin{pmatrix} a(ep+gq)+c(fp+hq) & a(er+gs)+c(fr+hs) \\ b(ep+gq)+d(fp+hq) & b(er+gs)+d(fr+hs) \end{pmatrix}$$

$$= \begin{pmatrix} aep+agq+cfp+chq & aer+ags+cfr+chs \\ bep+bgq+dfp+dhq & ber+bgs+dfr+dhs \end{pmatrix} \cdots ②$$

①と②の計算結果の行列の成分を比べると，各成分の項の順序が若干違うだけですべて等しく，これは $(XY)Z = X(YZ)$ ということを示しています． □

3次以上の行列についても，項が増えて計算が面倒なだけで本質的には変わりません．ぜひ3次の場合を確かめてください．

3.2 連立方程式への応用例 1

🌿 **行列の積はなぜこんなに面倒なのか**

さて，今の証明を読んで，疑問をもつ方がいるでしょう．

それは，行列の積を，行ベクトルと列ベクトルの内積を用いたので，証明がこんなに面倒になったのです．さらに，もっと奇妙なこと（$XY = YX$ とは限らない）も起こります．

「"行列の積は 2 つの行列の対応する各成分の積をとる"とすれば，簡単なのに」と思いませんか．例えば，それぞれ以下のようにするのですね．

Ⅰ．2 × 2 行列どうしの積の場合

$$\begin{pmatrix} a & c \\ b & d \end{pmatrix} \begin{pmatrix} e & g \\ f & h \end{pmatrix} = \begin{pmatrix} ae & cg \\ bf & dh \end{pmatrix}?$$

Ⅱ．3 × 3 行列どうしの積の場合

$$\begin{pmatrix} a & d & g \\ b & e & h \\ c & f & k \end{pmatrix} \begin{pmatrix} l & p & s \\ m & q & t \\ n & r & u \end{pmatrix} = \begin{pmatrix} al & dp & gs \\ bm & eq & ht \\ cn & fr & ku \end{pmatrix}?$$

でも，そのようにすると，「計算は簡単だけれど，何の役にも立たない」ということになってしまいます．「積を面倒な形で決めた行列」がどんなに役立つかは本書で詳しく説明しますが，その最初の使い道として連立方程式の表現があります．

連立方程式の表現の例

行列の積を「面倒な形」で定義すると，行列の積の計算を用いて，連立方程式を行列とベクトルで表すことができるようになります．

I．連立方程式 $\begin{cases} ax + cy = p \\ bx + dy = q \end{cases}$ の場合

左辺は，2×2 行列 $\begin{pmatrix} a & c \\ b & d \end{pmatrix}$ とベクトル $\begin{pmatrix} x \\ y \end{pmatrix}$ の積とみて，

$$\begin{pmatrix} a & c \\ b & d \end{pmatrix} \begin{pmatrix} x \\ y \end{pmatrix} = \begin{pmatrix} ax + cy \\ bx + dy \end{pmatrix}$$

と表現できます．

この右辺の第 1 成分が p，第 2 成分が q に等しいので，ベクトル $\begin{pmatrix} p \\ q \end{pmatrix}$ を用いて，方程式は，以下のように表現できるのです．

$$\begin{pmatrix} a & c \\ b & d \end{pmatrix} \begin{pmatrix} x \\ y \end{pmatrix} = \begin{pmatrix} p \\ q \end{pmatrix}$$

ですから，2 元連立方程式は，2×2 行列で表現することができます．1 章では，その行列式 $D = ad - bc$ で解の状況を推測することを見ました．

II．連立方程式 $\begin{cases} ax + dy + gz = p \\ bx + ey + hz = q \\ cx + fy + kz = r \end{cases}$ の場合

この式の左辺も 3×3 行列 $\begin{pmatrix} a & d & g \\ b & e & h \\ c & f & k \end{pmatrix}$ とベクトル $\begin{pmatrix} x \\ y \\ z \end{pmatrix}$ の積

で表現されます．つまり，以下の式ができます．

$$\begin{pmatrix} a & d & g \\ b & e & h \\ c & f & k \end{pmatrix} \begin{pmatrix} x \\ y \\ z \end{pmatrix} = \begin{pmatrix} ax + dy + gz \\ bx + ey + hz \\ cx + fy + kz \end{pmatrix}$$

よって，Ⅱの連立方程式は，

$$\begin{pmatrix} a & d & g \\ b & e & h \\ c & f & k \end{pmatrix} \begin{pmatrix} x \\ y \\ z \end{pmatrix} = \begin{pmatrix} p \\ q \\ r \end{pmatrix}$$

と表現できます．

これだけだったら，それほど便利さは感じないでしょう．次の例はもっと明確に行列の積が表に出てきます．

例 3.4　合成連立方程式

以下のような連立方程式において，x, y だけの未知数を用いた連立方程式を組みます．このような入れ子のようになっている連立方程式を合成連立方程式といいます．

$$\begin{cases} 11x + 30y = u \\ 7x + 19y = v \end{cases}, \begin{cases} 2u - 3v = 2 \\ -3u + 5v = 3 \end{cases}$$

未知数が4つあり，真に異なる方程式が4つあるので，通常の方法（代入法を用いるなどをして）でも連立方程式を組むことができますが，ここでは行列を用いてこの問題を考えることにしましょう．

すでに学んだように，2つの連立方程式を行列で表すとそれぞれ，

$$\begin{pmatrix} 11 & 30 \\ 7 & 19 \end{pmatrix} \begin{pmatrix} x \\ y \end{pmatrix} = \begin{pmatrix} u \\ v \end{pmatrix} \cdots ①, \quad \begin{pmatrix} 2 & -3 \\ -3 & 5 \end{pmatrix} \begin{pmatrix} u \\ v \end{pmatrix} = \begin{pmatrix} 2 \\ 3 \end{pmatrix} \cdots ②$$

となります．

　ここで，①の式の中にある $\begin{pmatrix} u \\ v \end{pmatrix}$ を②の式の中にある $\begin{pmatrix} u \\ v \end{pmatrix}$ に代入すると，

$$\begin{pmatrix} 2 & -3 \\ -3 & 5 \end{pmatrix} \left\{ \begin{pmatrix} 11 & 30 \\ 7 & 19 \end{pmatrix} \begin{pmatrix} x \\ y \end{pmatrix} \right\} = \begin{pmatrix} 2 \\ 3 \end{pmatrix} \quad \cdots ③$$

となります．したがって，式③の {} をはずすと，

$$\begin{pmatrix} 2 & -3 \\ -3 & 5 \end{pmatrix} \left\{ \begin{pmatrix} 11 & 30 \\ 7 & 19 \end{pmatrix} \begin{pmatrix} x \\ y \end{pmatrix} \right\} = \begin{pmatrix} 2 & -3 \\ -3 & 5 \end{pmatrix} \begin{pmatrix} 11 & 30 \\ 7 & 19 \end{pmatrix} \begin{pmatrix} x \\ y \end{pmatrix}$$

となり，先に 2×2 行列どうしの積を計算すると，

$$\begin{pmatrix} 2 & -3 \\ -3 & 5 \end{pmatrix} \begin{pmatrix} 11 & 30 \\ 7 & 19 \end{pmatrix} \begin{pmatrix} x \\ y \end{pmatrix}$$

$$= \begin{pmatrix} (2\ -3) \cdot {}^t(11\ 7) & (2\ -3) \cdot {}^t(30\ 19) \\ (-3\ 5) \cdot {}^t(11\ 7) & (-3\ 5) \cdot {}^t(30\ 19) \end{pmatrix} \begin{pmatrix} x \\ y \end{pmatrix}$$

$$= \begin{pmatrix} 2 \times 11 + (-3) \times 7 & 2 \times 30 + (-3) \times 19 \\ (-3) \times 11 + 5 \times 7 & (-3) \times 30 + 5 \times 19 \end{pmatrix} \begin{pmatrix} x \\ y \end{pmatrix} \quad \cdots ④$$

$$= \begin{pmatrix} 1 & 3 \\ 2 & 5 \end{pmatrix} \begin{pmatrix} x \\ y \end{pmatrix}$$

となります．ここで式③，④より，以下が成り立ちます．

$$\begin{pmatrix} 1 & 3 \\ 2 & 5 \end{pmatrix} \begin{pmatrix} x \\ y \end{pmatrix} = \begin{pmatrix} 2 \\ 3 \end{pmatrix} \quad \cdots ⑤$$

よって，求めるべき連立方程式は以下のようになります．

$$\begin{cases} x + 3y = 2 \\ 2x + 5y = 3 \end{cases} \quad \cdots 答$$

（なお，この連立方程式の答えは $x = -1$，$y = 1$ です）

つまり，面倒に見えた「行列の積」の計算によって，このような合成連立方程式は単純計算に帰着してしまうのです．

さて行列の積について学んだところで，1つ重要なことを紹介しておきましょう．このことは，「行列の積の面倒さ」の1つの例として触れておきました．

定義 3.5　行列の積の非可換性

2つの行列 X, Y の積 XY と積 YX が両方とも定義できる場合において，$XY = YX$ は必ずしも成り立ちません．

このことを，行列は積の演算について**非可換である**（または**可換ではない**）といいます．

例 3.6　行列の積が可換であるための条件の計算

行列の積が可換であるための計算式を，2×2 行列の場合について調べましょう．

行列 $X = \begin{pmatrix} a & c \\ b & d \end{pmatrix}$ と，行列 $Y = \begin{pmatrix} e & g \\ f & h \end{pmatrix}$ において，行列 X, Y の積 XY と YX を計算すると，それぞれ以下のようになります．

$$XY = \begin{pmatrix} a & c \\ b & d \end{pmatrix} \begin{pmatrix} e & g \\ f & h \end{pmatrix}$$

$$= \begin{pmatrix} (a\ c) \cdot {}^t(e\ f) & (a\ c) \cdot {}^t(g\ h) \\ (b\ d) \cdot {}^t(e\ f) & (b\ d) \cdot {}^t(g\ h) \end{pmatrix}$$

$$= \begin{pmatrix} ae+cf & ag+ch \\ be+df & bg+dh \end{pmatrix}$$

$$YX = \begin{pmatrix} e & g \\ f & h \end{pmatrix} \begin{pmatrix} a & c \\ b & d \end{pmatrix}$$

$$= \begin{pmatrix} (e\ g) \cdot {}^t(a\ b) & (e\ g) \cdot {}^t(c\ d) \\ (f\ h) \cdot {}^t(a\ b) & (f\ h) \cdot {}^t(c\ d) \end{pmatrix}$$

$$= \begin{pmatrix} ae+bg & ce+dg \\ af+bh & cf+dh \end{pmatrix}$$

よって，$XY = YX$ が成り立てば，2つの行列が等しくなります．ゆえに，

$$\begin{pmatrix} ae+cf & ag+ch \\ be+df & bg+dh \end{pmatrix} = \begin{pmatrix} ae+bg & ce+dg \\ af+bh & cf+dh \end{pmatrix}$$

となるはずです．

しかし，一般には，4つの成分がすべて等しいとは限らないので，$XY = YX$ は必ずしも成り立ちません（というより，多くは成り立ちません）．

$XY \neq YX$ となる具体例を示しておきましょう（多くの場合がそうです）．

例 3.7　非可換である行列の積の例

2つの行列，$X = \begin{pmatrix} 1 & 2 \\ 3 & 4 \end{pmatrix}$ と $Y = \begin{pmatrix} 2 & 1 \\ 4 & 1 \end{pmatrix}$ について，

$$XY = \begin{pmatrix} 1 & 2 \\ 3 & 4 \end{pmatrix} \begin{pmatrix} 2 & 1 \\ 4 & 1 \end{pmatrix} = \begin{pmatrix} 1 \cdot 2 + 2 \cdot 4 & 1 \cdot 1 + 2 \cdot 1 \\ 3 \cdot 2 + 4 \cdot 4 & 3 \cdot 1 + 4 \cdot 1 \end{pmatrix} = \begin{pmatrix} 10 & 3 \\ 22 & 7 \end{pmatrix}$$

一方，

$$YX = \begin{pmatrix} 2 & 1 \\ 4 & 1 \end{pmatrix} \begin{pmatrix} 1 & 2 \\ 3 & 4 \end{pmatrix} = \begin{pmatrix} 2 \cdot 1 + 1 \cdot 3 & 2 \cdot 2 + 1 \cdot 4 \\ 4 \cdot 1 + 1 \cdot 3 & 4 \cdot 2 + 1 \cdot 4 \end{pmatrix} = \begin{pmatrix} 5 & 8 \\ 7 & 12 \end{pmatrix}$$

となって，すべての成分が異なっています．1つの成分でも異なれば，$XY \neq YX$ ですから，この場合は当然 $XY \neq YX$ となります．

むしろ，$XY = YX$ は後述するように特別な場合と考えたほうがよいでしょう．

では，ここで行列の積の演算について可換な場合を見ていきましょう．

例 3.8　可換である行列の積

可換である行列の積の例を1つここで挙げておきます．

「すべての 2×2 行列 X と零行列 O との積 XO と積 OX について，$XO = OX = O$」

この3章で，行列どうしの演算が加法・減法・乗法と揃ったわけです．四則演算にはこれに加えて除法があります．これは数の計算や方程式を解く際に非常に大切なものです．

3.3 連立方程式への応用例2

🍂 連立方程式の表現の例（続き）

すでにこの章で，行列の積の計算を用いて，連立方程式と行列式とを関連付け，合成連立方程式も分析しました．

本書では，行列を連立方程式（未知数の個数はいくつでも良い）に出てくる係数の表（この行列のことを特に**係数行列**といいます）としての見方を中心にしていきます．ですから，その例をもう少し見ていくことにしましょう．

なお，方程式を実際に解く方法はあとの方で解説しますので，ここでは，方程式の解は「代入して確かめる」という形でのみ提示しておきます．

例 3.9 行列と 2 元連立方程式

1 章の具体例では，以下のような連立方程式を見ました．

$$\begin{cases} 2x + 3y = 14 \\ 5x + 4y = 21 \end{cases} \quad \cdots ①$$

この連立方程式を行列とベクトルを用いて表すと，

$$\begin{pmatrix} 2 & 3 \\ 5 & 4 \end{pmatrix} \begin{pmatrix} x \\ y \end{pmatrix} = \begin{pmatrix} 14 \\ 21 \end{pmatrix}$$

となります．一方，次の連立方程式も例に出しました．

$$\begin{cases} x + 4y = 14 \\ 2x + 8y = 28 \end{cases} \quad \cdots ②$$

3.3 連立方程式への応用例2

この連立方程式を行列とベクトルを用いて表すと，

$$\begin{pmatrix} 1 & 4 \\ 2 & 8 \end{pmatrix} \begin{pmatrix} x \\ y \end{pmatrix} = \begin{pmatrix} 14 \\ 28 \end{pmatrix}$$

となります．さらに，もう1つ別の連立方程式も例として出しました．

$$\begin{cases} 3x + 2y = 10 \\ 9x + 6y = 16 \end{cases} \cdots ③$$

この方程式も行列を用いて表すと，

$$\begin{pmatrix} 3 & 2 \\ 9 & 6 \end{pmatrix} \begin{pmatrix} x \\ y \end{pmatrix} = \begin{pmatrix} 10 \\ 16 \end{pmatrix}$$

となります．

これらの連立方程式と行列を見比べると，「係数行列」の名前がピッタリ来ますね．さらに，1章では，2元連立方程式の係数の行列 $\begin{pmatrix} a & c \\ b & d \end{pmatrix}$ から求めることのできる行列式 $D = ad - bc$ を使って，その連立方程式がただ1つの解をもつかどうかについて考えたのでした．

このうち，①は $D = -7$ で，ただ1つの解をもち，②と③はともに $D = 0$ で，そのうちの②は無数の解をもち（不定），③は解がない（不能）となりました．

このように，連立方程式を行列で表すことは，その連立方程式を見やすくするためだけでなく，その解の分析をする上でも非常に有効です．

では話を戻して，連立方程式を行列で表す具体例をさらに紹介しましょう．

例 3.10　行列と（3元）連立方程式

まず，以下のような連立方程式を考えます．

$$\begin{cases} 2x + 4y + 7z = 12 \\ 3x + 2y + 4z = 9 \\ 5x + 5y + 6z = 12 \end{cases}$$

（この解は $x=1, y=-1, z=2$ となります．代入して確かめてください）

この連立方程式を行列とベクトルを用いて表すと，

$$\begin{pmatrix} 2 & 4 & 7 \\ 3 & 2 & 4 \\ 5 & 5 & 6 \end{pmatrix} \begin{pmatrix} x \\ y \\ z \end{pmatrix} = \begin{pmatrix} 12 \\ 9 \\ 12 \end{pmatrix}$$

となります．

次に，以下のような連立方程式を考えてみましょう．

$$\begin{cases} x - y + z = 6 \\ 2x + 3z = 9 \\ 4x - 3y + 2z = 20 \end{cases}$$

（この解は $x=3, y=-2, z=1$ となります．代入して確かめてください．）

係数の符号や未知数の有無に注意しながら，この連立方程式を行列で表すと，

$$\begin{pmatrix} 1 & -1 & 1 \\ 2 & 0 & 3 \\ 4 & -3 & 2 \end{pmatrix} \begin{pmatrix} x \\ y \\ z \end{pmatrix} = \begin{pmatrix} 6 \\ 9 \\ 20 \end{pmatrix}$$

となります．

さらに，未知数が4つ，5つ，…，というような連立方程式の場合でも行列で表すことができます．

つまり，4元連立方程式，5元連立方程式，…，の場合でも2元，もしくは3元連立方程式の場合と同様にして考えていけばいいのです．

したがって，本書では，未知数が2つ，もしくは3つの場合の連立方程式を中心に扱っていくことにします．

連立方程式の未知数の個数と方程式の個数が異なる場合

今まで扱ってきた連立方程式は，未知数の個数と方程式の個数が等しい場合で，このときに限って行列を用いて表現してきました．

では，未知数の個数と方程式の個数が異なる場合はどうなるのでしょうか．

例3.11　2元連立方程式で方程式の個数が3つの場合

以下のような2元連立方程式を考えます．

$$\begin{cases} 7x - 4y = 1 & \cdots ① \\ 2x + 3y = 21 & \cdots ② \\ 5x - 2y = 5 & \cdots ③ \end{cases}$$

($x=3, y=5$ がこの方程式の解です．代入して確かめてください．)

この連立方程式の未知数は x, y の2個ですが，方程式の個数は $7x-4y=1, 2x+3y=21, 5x-2y=5$ の3個であるので，連立方程式の未知数と方程式の個数は異なるといえます．

この連立方程式を行列で表すと以下のようになります．

$$\begin{pmatrix} 7 & -4 \\ 2 & 3 \\ 5 & -2 \end{pmatrix} \begin{pmatrix} x \\ y \end{pmatrix} = \begin{pmatrix} 1 \\ 21 \\ 5 \end{pmatrix}$$

　この連立方程式では，方程式の個数が3個でしたが，未知数が2個であるので，この連立方程式の解をただ1つだけもたせるためには，真に異なる方程式を2個だけ（つまり，方程式①，②，③のうちのどれか2個）用意すれば十分です．

　実際，方程式③を抜いてみると（この場合，方程式①または②を必要ないとしても構いません），この連立方程式は以下のようになります．

$$\begin{cases} 7x - 4y = 1 & \cdots ① \\ 2x + 3y = 21 & \cdots ② \end{cases}$$

（この場合でも連立方程式の解は $x = 3, y = 5$ となり，方程式③を消去しても，連立方程式の解を求める分には差し支えないといえます．）

　この連立方程式を行列で表すと，

$$\begin{pmatrix} 7 & -4 \\ 2 & 3 \end{pmatrix} \begin{pmatrix} x \\ y \end{pmatrix} = \begin{pmatrix} 1 \\ 21 \end{pmatrix}$$

となります．つまり，

$$\begin{pmatrix} 7 & -4 \\ 2 & 3 \\ 5 & -2 \end{pmatrix} \begin{pmatrix} x \\ y \end{pmatrix} = \begin{pmatrix} 1 \\ 21 \\ 5 \end{pmatrix} \text{の代わりに} \begin{pmatrix} 7 & -4 \\ 2 & 3 \end{pmatrix} \begin{pmatrix} x \\ y \end{pmatrix} = \begin{pmatrix} 1 \\ 21 \end{pmatrix}$$

を考えても変わらないということです．

　以上のことから，本書では，連立方程式の未知数の個数より方程

式の個数の方が多い場合については扱わないことにします．

また，連立方程式の未知数の個数と方程式の個数が異なる場合として，連立方程式の未知数の個数より方程式の個数の方が少ない場合も考えられます．この場合についても，連立方程式の解がただ1つに決まらないので，扱いません．

次の章のために，方程式を解くということの意味を考えておきましょう．

例3.12 一次方程式と数の除法

一次方程式 $2x = 6$ を解くにはどうしたでしょうか．
次のような手順でしたね．

$$2x = 6$$
$$2x \times \frac{1}{2} = 6 \times \frac{1}{2} \quad \left(\text{ここでは} \times \frac{1}{2} \text{が} \div 2 \text{にあたります．}\right)$$
$$x = 3$$

つまり，両辺を 2 で割ることが本質的でした．2 で割ることは，$\frac{1}{2} = 2^{-1}$（x の係数である 2^1 の逆数）倍することでした．

このようにして，方程式を解く際には除法やそれにあたる逆数・逆演算が必要になります．

このような逆数にあたるものが行列に関しても存在するのでしょうか．このことについては，次章で見ていくことにしましょう．

3章の問題

1. 次の連立方程式を行列で表しなさい．ただし，この連立方程式は解かなくてよい．

1. $\begin{cases} 4x + 5y = 9 \\ 6x + 2y = 8 \end{cases}$
2. $\begin{cases} 2x + 4y + 3z = 3 \\ 5x + y + 2z = 2 \\ 3x + 2y + z = 4 \end{cases}$
3. $\begin{cases} 3x + y + 4z = 3 \\ 3y = 4 \\ 2z = 5 \end{cases}$

2. 次の行列の計算をしなさい．

1. $\begin{pmatrix} 2 & 9 \\ -4 & 3 \end{pmatrix} \begin{pmatrix} 5 & -3 \\ 1 & 2 \end{pmatrix}$
2. $\begin{pmatrix} 5 & 3 \\ -4 & 7 \end{pmatrix} \begin{pmatrix} 2 & 2 \\ 1 & -1 \end{pmatrix}$
3. $\begin{pmatrix} 1 & 0 \\ 0 & -1 \end{pmatrix} \begin{pmatrix} 3 & 7 \\ 2 & 4 \end{pmatrix}$

4. $\begin{pmatrix} 2 & 1 & 4 \\ 3 & 2 & 5 \\ 2 & 1 & 3 \end{pmatrix} \begin{pmatrix} 0 & 1 & 1 \\ 3 & 5 & 2 \\ 1 & 0 & 1 \end{pmatrix}$
5. $\begin{pmatrix} 1 & 5 & 2 \\ 2 & 1 & 1 \\ 3 & 2 & 4 \end{pmatrix} \begin{pmatrix} 1 & 0 & 1 \\ 0 & 1 & 0 \\ 2 & 0 & 1 \end{pmatrix}$

3. 次の連立方程式において，x, y だけの未知数を用いた連立方程式を組みなさい．ただし，この連立方程式の解を求めなくてよい．

$$\begin{cases} 2x + 3y = u \\ 3x + 4y = v \end{cases}, \begin{cases} 3u - 2v = 5 \\ -2u + 3v = 0 \end{cases}$$

4. ある薬品 X は粉末 P, Q で調合されており，粉末 P と Q の調合における重量比が $3:2$ である．また，薬品 Y も同じく粉末 P, Q の調合物で，粉末 P と Q の調合における重量比が $3:7$ である．

さらに粉末 P は原料 M, N の調合物で，原料 M と N の調合における重量比が $1:4$ であり，同じく粉末 Q も原料 M, N の調合物で，原料 M と N の調合における重量比が $2:1$ である．

このとき，薬品 X, Y それぞれにおける原料 M と原料 N の重量比を求めなさい．

第4章

逆行列と連立方程式

　3章では，和，差，積までの行列の演算を導入しました．でも，数の演算というと，あと割り算がありました．そして，その割り算が未知数1個の場合の1次方程式を解くときの鍵の操作ということを前章の終わりで見ました．この章では，行列の割り算について切り込んでいきます．

　数字の場合を思い起こしてください．数字の場合，a に掛けて1になる数を $\frac{1}{a}$ あるいは a^{-1} と書いて，逆数と呼びました．逆数によって，$ax=b$ を $x=a^{-1}b$ と解くことができたのです．つまり，逆数にあたるものを求める操作は，直接，連立方程式の解を求めることにつながっているのです．

　ここでは，行列の除法のために，まず，数字の1に対応する行列 E を定め，逆行列を定義します．

4.1 逆行列の定義の準備

定義 4.1　対角成分

正方行列 A の第 i 行第 j 列の成分を a_{ij} とします．この成分の中で，$i = j$ のもの，すなわち a_{ii} 成分を**対角成分**といいます．言い換えると，以下のようになります．

行列 $A = \begin{pmatrix} a_{11} & a_{12} & \cdots & a_{1n} \\ a_{21} & a_{22} & \cdots & a_{2n} \\ \vdots & \vdots & \ddots & \vdots \\ a_{n1} & a_{n2} & \cdots & a_{nn} \end{pmatrix}$ の中の成分 $a_{11}, a_{22}, \cdots, a_{nn}$ を，A の対角成分といいます．

ここで具体的に，2×2 行列と 3×3 行列の場合について，上で述べた定義を表現し直すと以下のようになります．

I．2×2 行列の対角成分

2×2 行列 $\begin{pmatrix} a & c \\ b & d \end{pmatrix}$ の対角成分は，a と d です．

II．3×3 行列の対角成分

3×3 行列 $\begin{pmatrix} a & d & g \\ b & e & h \\ c & f & k \end{pmatrix}$ の対角成分は，a と e と k です．

例 4.2　対角成分の具体例

行列 $\begin{pmatrix} 1 & 2 \\ 3 & 4 \end{pmatrix}$ の対角成分は，1，4 です．

行列 $\begin{pmatrix} 1 & 2 & 3 \\ 4 & 5 & 6 \\ 7 & 8 & 9 \end{pmatrix}$ の対角成分は，$1, 5, 9$ です．

次に，数字の 1 に対応する行列を定義します．

定義 4.3　単位行列

対角成分が 1 であり，その他の成分がすべて 0 である正方行列を**単位行列**といい，E と表します．特に $n \times n$ 単位行列を示したい場合は E_n と表します．

例 4.4　単位行列の例

$$\begin{pmatrix} 1 & 0 \\ 0 & 1 \end{pmatrix} = E_2, \quad \begin{pmatrix} 1 & 0 & 0 \\ 0 & 1 & 0 \\ 0 & 0 & 1 \end{pmatrix} = E_3, \quad n \text{ 個} \left\{ \begin{pmatrix} 1 & 0 & \cdots & 0 \\ 0 & 1 & \ddots & \vdots \\ \vdots & \ddots & \ddots & 0 \\ 0 & \cdots & 0 & 1 \end{pmatrix} \right. = E_n$$

（上に n 個）

2 章で出てきた零行列 O は，$A + O = O + A = A$，$A - A = O$ などから数の加法における 0 にあたる行列であることがわかりました．一方，ここで定義した単位行列 E は，数の乗法における 1 にあたる行列であることが以下の性質よりわかります．

性質 4.5　単位行列の性質

すべての正方行列 X と単位行列 E との積について，以下のことが成り立ちます．

$$XE = EX = X$$

例 4.6　単位行列との積の具体例

I. 2×2 行列の場合

行列 X を $X = \begin{pmatrix} 7 & 9 \\ 6 & 4 \end{pmatrix}$ とします．$E = \begin{pmatrix} 1 & 0 \\ 0 & 1 \end{pmatrix}$ と行列 X の積 XE は

$$XE = \begin{pmatrix} 7 & 9 \\ 6 & 4 \end{pmatrix} \begin{pmatrix} 1 & 0 \\ 0 & 1 \end{pmatrix} = \begin{pmatrix} (7\ 9) \cdot {}^t(1\ 0) & (7\ 9) \cdot {}^t(0\ 1) \\ (6\ 4) \cdot {}^t(1\ 0) & (6\ 4) \cdot {}^t(0\ 1) \end{pmatrix} =$$

$$\begin{pmatrix} 7 \times 1 + 9 \times 0 & 7 \times 0 + 9 \times 1 \\ 6 \times 1 + 4 \times 0 & 6 \times 0 + 4 \times 1 \end{pmatrix} = \begin{pmatrix} 7 & 9 \\ 6 & 4 \end{pmatrix} = X \text{ となります．}$$

よって $XE = X$ が成り立ちます．

また，積 EX は

$$EX = \begin{pmatrix} 1 & 0 \\ 0 & 1 \end{pmatrix} \begin{pmatrix} 7 & 9 \\ 6 & 4 \end{pmatrix} = \begin{pmatrix} (1\ 0) \cdot {}^t(7\ 6) & (1\ 0) \cdot {}^t(9\ 4) \\ (0\ 1) \cdot {}^t(7\ 6) & (0\ 1) \cdot {}^t(9\ 4) \end{pmatrix} =$$

$$\begin{pmatrix} 1 \times 7 + 0 \times 6 & 1 \times 9 + 0 \times 4 \\ 0 \times 7 + 1 \times 6 & 0 \times 9 + 1 \times 4 \end{pmatrix} = \begin{pmatrix} 7 & 9 \\ 6 & 4 \end{pmatrix} = X \text{ となります．}$$

よって $EX = X$ が成り立ちます．

以上から，この場合は $XE = EX = X$ が成り立ちます．

このことがどんな X にも成り立つことは，章末問題で確かめてください．

II. 3×3 行列の場合の証明

行列 X を $X = \begin{pmatrix} a & d & g \\ b & e & h \\ c & f & k \end{pmatrix}$ とします．3次の単位行列 E は，

$E = \begin{pmatrix} 1 & 0 & 0 \\ 0 & 1 & 0 \\ 0 & 0 & 1 \end{pmatrix}$ ですので，行列 X, E の積 XE は

$$XE = \begin{pmatrix} a & d & g \\ b & e & h \\ c & f & k \end{pmatrix} \begin{pmatrix} 1 & 0 & 0 \\ 0 & 1 & 0 \\ 0 & 0 & 1 \end{pmatrix}$$

$$= \begin{pmatrix} (a\ d\ g) \cdot {}^t(1\ 0\ 0) & (a\ d\ g) \cdot {}^t(0\ 1\ 0) & (a\ d\ g) \cdot {}^t(0\ 0\ 1) \\ (b\ e\ h) \cdot {}^t(1\ 0\ 0) & (b\ e\ h) \cdot {}^t(0\ 1\ 0) & (b\ e\ h) \cdot {}^t(0\ 0\ 1) \\ (c\ f\ k) \cdot {}^t(1\ 0\ 0) & (c\ f\ k) \cdot {}^t(0\ 1\ 0) & (c\ f\ k) \cdot {}^t(0\ 0\ 1) \end{pmatrix}$$

$$= \begin{pmatrix} a \times 1 + d \times 0 + g \times 0 & a \times 0 + d \times 1 + g \times 0 & a \times 0 + d \times 0 + g \times 1 \\ b \times 1 + e \times 0 + h \times 0 & b \times 0 + e \times 1 + h \times 0 & b \times 0 + e \times 0 + h \times 1 \\ c \times 1 + f \times 0 + k \times 0 & c \times 0 + f \times 1 + k \times 0 & c \times 0 + f \times 0 + k \times 1 \end{pmatrix}$$

$$= \begin{pmatrix} a & d & g \\ b & e & h \\ c & f & k \end{pmatrix}$$

となります．よって $XE = X$ が成り立ちます．

また，行列 X, E の積 EX は

$$EX = \begin{pmatrix} 1 & 0 & 0 \\ 0 & 1 & 0 \\ 0 & 0 & 1 \end{pmatrix} \begin{pmatrix} a & d & g \\ b & e & h \\ c & f & k \end{pmatrix}$$

$$= \begin{pmatrix} (1\ 0\ 0) \cdot {}^t(a\ b\ c) & (1\ 0\ 0) \cdot {}^t(d\ e\ f) & (1\ 0\ 0) \cdot {}^t(g\ h\ k) \\ (0\ 1\ 0) \cdot {}^t(a\ b\ c) & (0\ 1\ 0) \cdot {}^t(d\ e\ f) & (0\ 1\ 0) \cdot {}^t(g\ h\ k) \\ (0\ 0\ 1) \cdot {}^t(a\ b\ c) & (0\ 0\ 1) \cdot {}^t(d\ e\ f) & (0\ 0\ 1) \cdot {}^t(g\ h\ k) \end{pmatrix}$$

$$= \begin{pmatrix} a & d & g \\ b & e & h \\ c & f & k \end{pmatrix}$$

となります．よって $EX = X$ が成り立ちます．

以上 2 つの計算から，$XE = EX = X$ が成り立ちます．

このように，2×2 行列と 3×3 行列の場合について，X に E を掛けても X のままであることが示されます．4×4 以上の正方行列の場合でも，その次数の単位行列は同じ性質をもつことが簡単にわ

かります.

　また,この結果,単位行列 E は行列の積について,どんな行列とも可換であることがいえます(この性質をもつのは零行列 O に次いで2つ目です).

4.2　逆行列の定義

ここまで行列の割り算(に対応する行列)の定義の準備が出来ました.

それではその行列を定義していきましょう.

定義 4.7　**逆行列**

正方行列 X に対して,以下の等式が成り立つ正方行列 A があるとします.

$$XA = AX = E$$

このとき,正方行列 A を正方行列 X の**逆行列**といい,正方行列 X の逆行列 A を X^{-1} で表します.つまり,$XX^{-1} = X^{-1}X = E$ が成り立ちます[9].

この定義と,上の式を X^{-1} の方から見ると,$(X^{-1})^{-1} = X$ が成り立つことがわかります.

---
[9]　本書では,正方行列でない行列に対して,逆行列を定義していない.また,すべての正方行列が必ずしも逆行列をもつとは限らない.

例 4.8　逆行列の具体例

I. 2×2 行列の例

行列 $\begin{pmatrix} 4 & 5 \\ 1 & 1 \end{pmatrix}$ の逆行列は $\begin{pmatrix} -1 & 5 \\ 1 & -4 \end{pmatrix}$ です．

このことは以下の計算をすることで確かめることができます．

$$\begin{pmatrix} 4 & 5 \\ 1 & 1 \end{pmatrix} \begin{pmatrix} -1 & 5 \\ 1 & -4 \end{pmatrix} = \begin{pmatrix} (4\ 5) \cdot {}^t(-1\ 1) & (4\ 5) \cdot {}^t(5\ -4) \\ (1\ 1) \cdot {}^t(-1\ 1) & (1\ 1) \cdot {}^t(5\ -4) \end{pmatrix}$$

$$= \begin{pmatrix} 4 \times (-1) + 5 \times 1 & 4 \times 5 + 5 \times (-4) \\ 1 \times (-1) + 1 \times 1 & 1 \times 5 + 1 \times (-4) \end{pmatrix}$$

$$= \begin{pmatrix} 1 & 0 \\ 0 & 1 \end{pmatrix}$$

となります．また，

$$\begin{pmatrix} -1 & 5 \\ 1 & -4 \end{pmatrix} \begin{pmatrix} 4 & 5 \\ 1 & 1 \end{pmatrix} = \begin{pmatrix} (-1\ 5) \cdot {}^t(4\ 1) & (-1\ 5) \cdot {}^t(5\ 1) \\ (1\ -4) \cdot {}^t(4\ 1) & (1\ -4) \cdot {}^t(5\ 1) \end{pmatrix}$$

$$= \begin{pmatrix} (-1) \times 4 + 5 \times 1 & (-1) \times 5 + 5 \times 1 \\ 1 \times 4 + (-4) \times 1 & 1 \times 5 + (-4) \times 1 \end{pmatrix}$$

$$= \begin{pmatrix} 1 & 0 \\ 0 & 1 \end{pmatrix}$$

となります．したがって，

$$\begin{pmatrix} -1 & 5 \\ 1 & -4 \end{pmatrix} \begin{pmatrix} 4 & 5 \\ 1 & 1 \end{pmatrix} = \begin{pmatrix} 4 & 5 \\ 1 & 1 \end{pmatrix} \begin{pmatrix} -1 & 5 \\ 1 & -4 \end{pmatrix} = \begin{pmatrix} 1 & 0 \\ 0 & 1 \end{pmatrix}$$ より，

$$\begin{pmatrix} 4 & 5 \\ 1 & 1 \end{pmatrix}^{-1} = \begin{pmatrix} -1 & 5 \\ 1 & -4 \end{pmatrix}$$ です．

II．3×3 行列の例

行列 $\begin{pmatrix} 0 & 1 & 2 \\ 1 & 2 & 3 \\ -2 & -1 & -1 \end{pmatrix}$ の逆行列は $\begin{pmatrix} 1 & -1 & -1 \\ -5 & 4 & 2 \\ 3 & -2 & -1 \end{pmatrix}$ です．

このことは以下の計算をすることで確かめることができます．

$$\begin{pmatrix} 0 & 1 & 2 \\ 1 & 2 & 3 \\ -2 & -1 & -1 \end{pmatrix} \begin{pmatrix} 1 & -1 & -1 \\ -5 & 4 & 2 \\ 3 & -2 & -1 \end{pmatrix} = \begin{pmatrix} 1 & 0 & 0 \\ 0 & 1 & 0 \\ 0 & 0 & 1 \end{pmatrix}$$

となり，

$$\begin{pmatrix} 1 & -1 & -1 \\ -5 & 4 & 2 \\ 3 & -2 & -1 \end{pmatrix} \begin{pmatrix} 0 & 1 & 2 \\ 1 & 2 & 3 \\ -2 & -1 & -1 \end{pmatrix} = \begin{pmatrix} 1 & 0 & 0 \\ 0 & 1 & 0 \\ 0 & 0 & 1 \end{pmatrix}$$

となります．（ぜひ，計算をして確めてください．）

したがって，

$$\begin{pmatrix} 0 & 1 & 2 \\ 1 & 2 & 3 \\ -2 & -1 & -1 \end{pmatrix} \begin{pmatrix} 1 & -1 & -1 \\ -5 & 4 & 2 \\ 3 & -2 & -1 \end{pmatrix}$$

$$= \begin{pmatrix} 1 & -1 & -1 \\ -5 & 4 & 2 \\ 3 & -2 & -1 \end{pmatrix} \begin{pmatrix} 0 & 1 & 2 \\ 1 & 2 & 3 \\ -2 & -1 & -1 \end{pmatrix} = \begin{pmatrix} 1 & 0 & 0 \\ 0 & 1 & 0 \\ 0 & 0 & 1 \end{pmatrix}$$

となりますので，$\begin{pmatrix} 0 & 1 & 2 \\ 1 & 2 & 3 \\ -2 & -1 & -1 \end{pmatrix}^{-1} = \begin{pmatrix} 1 & -1 & -1 \\ -5 & 4 & 2 \\ 3 & -2 & -1 \end{pmatrix}$ です．

🍂 行列を用いた連立方程式の解き方

逆行列の活用の方法については，連立方程式を行列で表現して考えていくと明確になります．

ここでは，簡単に説明するため，未知数が2つの場合で説明しましょう．

例4.9 （2元）連立方程式における逆行列の利用

連立方程式 $\begin{cases} ax + cy = p \\ bx + dy = q \end{cases}$ を行列で表すと，p.51〜p.53 より，

$$\begin{pmatrix} a & c \\ b & d \end{pmatrix} \begin{pmatrix} x \\ y \end{pmatrix} = \begin{pmatrix} p \\ q \end{pmatrix} \quad \cdots ①$$

となります．ここで，係数行列 A とベクトル $\vec{x}, \vec{b}$ をそれぞれ，

$$A = \begin{pmatrix} a & c \\ b & d \end{pmatrix} \quad , \quad \vec{x} = \begin{pmatrix} x \\ y \end{pmatrix} \quad , \quad \vec{b} = \begin{pmatrix} p \\ q \end{pmatrix}$$

とおくと，①の等式は，$A\vec{x} = \vec{b} \cdots ②$ と表せます．

（$\vec{x}, \vec{b}$ は 2×1 行列としてもよいですが，ここでは逆行列を見やすくするため，$\vec{x}, \vec{b}$ をベクトル扱いにしました．）

行列を用いて連立方程式を解く場合，解 $x = m, y = n$ は，

$$\left\lceil \vec{x} = \begin{pmatrix} m \\ n \end{pmatrix} \right\rfloor \left(\text{つまり，} \left\lceil \begin{pmatrix} x \\ y \end{pmatrix} = \begin{pmatrix} m \\ n \end{pmatrix} \right\rfloor \right)$$

というように表せば良いことになります．

ここで，2×2 行列 A において逆行列 A^{-1} があるとき，等式②の両辺に左側から逆行列 A^{-1} を掛けると以下のようになります．

$$A\vec{x} = \vec{b} \cdots ②$$

この両辺に左側から逆行列 A^{-1} を掛けます．

$$A^{-1} \times A\vec{x} = A^{-1} \times \vec{b}$$
$$E\vec{x} = A^{-1} \times \vec{b} \quad (A^{-1} \text{ は } A^{-1} \times A = E \text{ となる行列です})$$
$$\vec{x} = A^{-1}\vec{b} \quad (E \text{ の性質より，} E\vec{x} = \vec{x} \text{ となります})$$

上のように逆行列を用いることで，行列で表された連立方程式を解くことが出来ます．また，ここでは連立方程式の未知数が2つの場合でしたが，未知数が3個，4個，$\cdots$，n 個と増えた場合にも，連立方程式の係数行列 A を 3×3 行列，4×4 行列，$\cdots$，$n \times n$ 行列として，その逆行列さえ求めることができれば，同じようにできるはずです．

たとえば，未知数が3つの場合の連立方程式 $\begin{cases} ax + dy + gz = p \\ bx + ey + hz = q \\ cx + fy + kz = r \end{cases}$

を行列で解くためには，係数行列 A と，ベクトル $\vec{x}$，$\vec{b}$ を，

$$A = \begin{pmatrix} a & d & g \\ b & e & h \\ c & f & k \end{pmatrix} \quad , \quad \vec{x} = \begin{pmatrix} x \\ y \\ z \end{pmatrix} \quad , \quad \vec{b} = \begin{pmatrix} p \\ q \\ r \end{pmatrix}$$

とおいて，等式 $A\vec{x} = \vec{b}$ を立ててから，係数行列 A の逆行列 A^{-1}（A^{-1} が存在する場合）を求めて，$\vec{x} = A^{-1}\vec{b}$ を計算すればよいのです．

4.3 2×2 行列の場合

🍂 2×2 行列の逆行列

行列を用いた連立方程式 $A\vec{x} = \vec{b}$ を解くということを上の例で見てきましたが，この作業をするにあたって，以下の 2 点について注意しなければなりません．

1. 係数行列 A の逆行列 A^{-1} が存在するかどうか
2. 係数行列 A の逆行列 A^{-1} が存在する場合に，その逆行列 A^{-1} をどのようにして求めればよいのか

この 2 つの点について今後考えていくために，ここで 2×2 行列 A の逆行列 A^{-1} の求め方を紹介して，それを参考に考えていくことにします．

性質 4.10 2×2 行列の逆行列

2×2 行列 A を $A = \begin{pmatrix} a & c \\ b & d \end{pmatrix}$ とし，$ad - bc \neq 0$ とします．

このとき，行列 A の逆行列 A^{-1} は，

$A^{-1} = \dfrac{1}{ad - bc} \begin{pmatrix} d & -c \\ -b & a \end{pmatrix}$ となります．

[証明] 2×2 行列 A, B をそれぞれ，

$$A = \begin{pmatrix} a & c \\ b & d \end{pmatrix}, \quad B = \dfrac{1}{ad - bc} \begin{pmatrix} d & -c \\ -b & a \end{pmatrix}$$

とおいて，行列 A, B の積 AB, BA を計算します．$AB = BA = E$ が成り立つことを示しましょう．

行列 A, B の積 AB は,

$$AB = \begin{pmatrix} a & c \\ b & d \end{pmatrix} \left\{ \frac{1}{ad-bc} \begin{pmatrix} d & -c \\ -b & a \end{pmatrix} \right\}$$

$$= \frac{1}{ad-bc} \begin{pmatrix} a & c \\ b & d \end{pmatrix} \begin{pmatrix} d & -c \\ -b & a \end{pmatrix}$$

$$= \frac{1}{ad-bc} \begin{pmatrix} (a\ c) \cdot {}^t(d\ -b) & (a\ c) \cdot {}^t(-c\ a) \\ (b\ d) \cdot {}^t(d\ -b) & (b\ d) \cdot {}^t(-c\ a) \end{pmatrix}$$

$$= \frac{1}{ad-bc} \begin{pmatrix} a \times d + c \times (-b) & a \times (-c) + c \times a \\ b \times d + d \times (-b) & b \times (-c) + d \times a \end{pmatrix}$$

$$= \frac{1}{ad-bc} \begin{pmatrix} ad-bc & 0 \\ 0 & -bc+da \end{pmatrix}$$

$$= \begin{pmatrix} 1 & 0 \\ 0 & 1 \end{pmatrix} = E$$

となり, 行列の積 BA も同様に,

$$BA = \left\{ \frac{1}{ad-bc} \begin{pmatrix} d & -c \\ -b & a \end{pmatrix} \right\} \begin{pmatrix} a & c \\ b & d \end{pmatrix}$$

$$= \frac{1}{ad-bc} \begin{pmatrix} d & -c \\ -b & a \end{pmatrix} \begin{pmatrix} a & c \\ b & d \end{pmatrix}$$

$$= \frac{1}{ad-bc} \begin{pmatrix} (d\ -c) \cdot {}^t(a\ b) & (d\ -c) \cdot {}^t(c\ d) \\ (-b\ a) \cdot {}^t(a\ b) & (-b\ a) \cdot {}^t(c\ d) \end{pmatrix}$$

$$= \frac{1}{ad-bc} \begin{pmatrix} da-cb & 0 \\ 0 & -bc+ad \end{pmatrix}$$

$$= \begin{pmatrix} 1 & 0 \\ 0 & 1 \end{pmatrix} = E$$

となるので，$AB = BA = E$ が成り立つことがいえます．

よって，この B は，$B = A^{-1}$ をみたすものです．

□

例 4.11　具体的な 2×2 行列について，逆行列の求め方

2×2 行列 A が $A = \begin{pmatrix} a & c \\ b & d \end{pmatrix}$ のとき，逆行列 A^{-1} は，

$$A^{-1} = \frac{1}{ad - bc} \begin{pmatrix} d & -c \\ -b & a \end{pmatrix} \quad \cdots ①$$

となることを利用します．

行列 $A = \begin{pmatrix} 4 & 5 \\ 3 & 4 \end{pmatrix}$ の逆行列 A^{-1} を求めてみましょう．

①の式に，$a = 4$，$b = 3$，$c = 5$，$d = 4$ を代入すればいいので，$ad - bc = 4 \times 4 - 3 \times 5 = 1 \neq 0$ を確認して，

$$A^{-1} = \frac{1}{1} \begin{pmatrix} 4 & -5 \\ -3 & 4 \end{pmatrix} = \begin{pmatrix} 4 & -5 \\ -3 & 4 \end{pmatrix}$$

となります．

次に，行列 $B = \begin{pmatrix} 7 & 3 \\ 4 & 2 \end{pmatrix}$ の逆行列 B^{-1} を求めてみましょう．

①の式に，$a = 7$，$b = 4$，$c = 3$，$d = 2$ を代入すればいいので，$ad - bc = 7 \times 2 - 4 \times 3 = 2 \neq 0$ を確認して，

$$B^{-1} = \frac{1}{2}\begin{pmatrix} 2 & -3 \\ -4 & 7 \end{pmatrix}$$

となります．

実際の 2×2 行列で，逆行列の計算法を確認したので，これを利用して実際の未知数が2つの連立方程式を行列で解いてみましょう．

例 4.12　実際の2元連立方程式の行列を用いた解法

連立方程式 $\begin{cases} x + 2y = -1 \\ 2x + 3y = 12 \end{cases}$ …① を解きます．

連立方程式①を行列で表すと，以下のようになります．

$$\begin{pmatrix} 1 & 2 \\ 2 & 3 \end{pmatrix}\begin{pmatrix} x \\ y \end{pmatrix} = \begin{pmatrix} -1 \\ 12 \end{pmatrix} \quad \text{…②}$$

ここで 2×2 行列 A を $A = \begin{pmatrix} 1 & 2 \\ 2 & 3 \end{pmatrix}$ とおくと，$ad - bc = 1 \times 3 - 2 \times 2 = -1$ ですから，その逆行列 A^{-1} は，以下のように計算できました．

$$A^{-1} = \frac{1}{-1}\begin{pmatrix} 3 & -2 \\ -2 & 1 \end{pmatrix} = \begin{pmatrix} -3 & 2 \\ 2 & -1 \end{pmatrix}$$

行列の等式②の両辺に左側からこの逆行列 A^{-1} を掛けると，

$$\begin{pmatrix} -3 & 2 \\ 2 & -1 \end{pmatrix} \begin{pmatrix} 1 & 2 \\ 2 & 3 \end{pmatrix} \begin{pmatrix} x \\ y \end{pmatrix} = \begin{pmatrix} -3 & 2 \\ 2 & -1 \end{pmatrix} \begin{pmatrix} -1 \\ 12 \end{pmatrix}$$

$$A^{-1} \cdot A \begin{pmatrix} x \\ y \end{pmatrix} = \begin{pmatrix} -3 & 2 \\ 2 & -1 \end{pmatrix} \begin{pmatrix} -1 \\ 12 \end{pmatrix}$$

$$E \begin{pmatrix} x \\ y \end{pmatrix} = \begin{pmatrix} (-3\ 2) \cdot {}^t(-1\ 12) \\ (2\ -1) \cdot {}^t(-1\ 12) \end{pmatrix}$$

$$\begin{pmatrix} x \\ y \end{pmatrix} = \begin{pmatrix} 27 \\ -14 \end{pmatrix}$$

となりますから，連立方程式の解は $\begin{pmatrix} x \\ y \end{pmatrix} = \begin{pmatrix} 27 \\ -14 \end{pmatrix}$ となります．

さて，行列 A が 2×2 行列の場合，逆行列 A^{-1} には興味深いことに分母に $ad - bc$ という値が出ます．これは 1 章で「行列式」と定義したものです．

ここで復習のため，その定義を次のように書き直してみます．

定義 4.13　2×2 行列の行列式の再定義

2 元連立方程式 $\begin{cases} ax + cy = p \\ bx + dy = q \end{cases}$ を行列で以下のように表します．

$$\begin{pmatrix} a & c \\ b & d \end{pmatrix} \begin{pmatrix} x \\ y \end{pmatrix} = \begin{pmatrix} p \\ q \end{pmatrix}$$

ここで，2×2 係数行列 $A = \begin{pmatrix} a & c \\ b & d \end{pmatrix}$ における値 $ad - bc$ を

行列 A の行列式（**determinant**）といい，記号 $\det A$ で表します．つまり，$\det A = ad - bc$ とします[10]．

例 4.14　2×2 行列の行列式

2×2 行列の行列式を求めてみましょう．

行列 $A = \begin{pmatrix} a & c \\ b & d \end{pmatrix}$ の行列式 $\det A$ が $\det A = ad - bc$ で求められることを利用します．

行列 $A = \begin{pmatrix} 4 & 2 \\ 9 & 5 \end{pmatrix}$ の行列式 $\det A$ を求めてみましょう．

ここで，$a=4$，$b=9$，$c=2$，$d=5$ であるので，

$$\det A = 4 \times 5 - 9 \times 2 = 2$$

となります．

また，行列 $A = \begin{pmatrix} 4 & -8 \\ 3 & -6 \end{pmatrix}$ の行列式 $\det A$ を同様に求めてみましょう．

ここで，$a=4$，$b=3$，$c=-8$，$d=-6$ であるので，

$$\det A = 4 \times (-6) - 3 \times (-8) = 0$$

となります．

---

[10]　行列 A の行列式には，$|A|$ と表記するものもあるが，絶対値との混同を避けるため，本書では行列式の表記を $\det A$ で統一する．

2×2行列の行列式の定義によって，1章で紹介した性質が以下のように書き換えられます．

性質 4.15 **2元連立方程式の解のもち方**

2元連立方程式 $\begin{cases} ax + cy = p \\ bx + dy = q \end{cases}$ において，2×2 係数行列 A を $A = \begin{pmatrix} a & c \\ b & d \end{pmatrix}$ とおき，$\det A = ad - bc$ とすると，以下のことが成り立ちます．

- $\det A \neq 0 \Rightarrow$ 2元連立方程式の解が一意的である
- $\det A = 0 \Rightarrow$ 2元連立方程式の解が一意的とはいえない

例 4.16 **行列で表された連立方程式の解の判別**

1章でも2元連立方程式の解の判別をしてみましたが，方程式が行列表示された段階で，改めて具体的な2元連立方程式の解の判別を見ていきましょう．

その1) 2元連立方程式 $\begin{pmatrix} 8 & 3 \\ 5 & 2 \end{pmatrix} \begin{pmatrix} x \\ y \end{pmatrix} = \begin{pmatrix} 5 \\ 3 \end{pmatrix}$ について．

$A = \begin{pmatrix} 8 & 3 \\ 5 & 2 \end{pmatrix}$ とおくと，2×2 係数行列 A の行列式 $\det A$ は，

$$\det A = 8 \times 2 - 5 \times 3 = 1 \neq 0$$

となります．したがって，この連立方程式はただ1つの解をもちます．

実際，この2元連立方程式の解は $x = 1$，$y = -1$ だけです．

その 2) 2元連立方程式 $\begin{pmatrix} 9 & 3 \\ 3 & 1 \end{pmatrix} \begin{pmatrix} x \\ y \end{pmatrix} = \begin{pmatrix} 10 \\ 3 \end{pmatrix}$ について.

2×2 係数行列を A とおくと, 行列 A の行列式 $\det A$ は,

$$\det A = 9 \times 1 - 3 \times 3 = 0$$

となります. したがって, この連立方程式の解はただ1つとはいえません. さらに, 係数と定数項を比べるとこの連立方程式には, 解がありません.

その 3) 2元連立方程式 $\begin{pmatrix} 8 & 2 \\ 4 & 1 \end{pmatrix} \begin{pmatrix} x \\ y \end{pmatrix} = \begin{pmatrix} 10 \\ 5 \end{pmatrix}$ について.

$A = \begin{pmatrix} 8 & 2 \\ 4 & 1 \end{pmatrix}$ とおくと, 2×2 係数行列 A の行列式 $\det A$ は,

$$\det A = 8 \times 1 - 4 \times 2 = 0$$

となります. したがって, この連立方程式の解はただ1つとはいえません. さらに, 係数と定数項を比べるとこの連立方程式の解は直線:$4x + y = 5$ の上の無数の点です.

2元連立方程式については, 以上のその1), その2), その3) の3つのパターンしかありません.

さて, この章の前の方で, 2×2 行列 A の逆行列の形を示しました.

つまり, 行列 $A = \begin{pmatrix} a & c \\ b & d \end{pmatrix}$ の逆行列 A^{-1} が, $A^{-1} = \dfrac{1}{ad - bc} \begin{pmatrix} d & -c \\ -b & a \end{pmatrix}$ と表されるということでした. この A^{-1} の式が意味をもつためには, 分母 $\neq 0$ が必要で, $ad - bc \neq 0$ の条件が出てき

ます.

その関係について次のようにまとめられます.

性質 4.17　2×2 行列が逆行列をもつ条件

2×2 行列 $A = \begin{pmatrix} a & c \\ b & d \end{pmatrix}$ の逆行列 A^{-1} に関して，以下のことがいえます．

$\det A \neq 0 \Rightarrow$ 逆行列 A^{-1} が存在する． $\left(A^{-1} = \dfrac{1}{ad-bc} \begin{pmatrix} d & -c \\ -b & a \end{pmatrix} \right)$

「$\det A = 0$ のとき逆行列 A^{-1} は存在しない」もあとで証明されます[11]．

例 4.18　具体例で逆行列をもつかどうかの判定

① 行列 $A = \begin{pmatrix} -4 & 7 \\ -5 & 9 \end{pmatrix}$ について

行列 A の行列式 $\det A$ は，

$$\det A = (-4) \times 9 - (-5) \times 7$$
$$= -1 \neq 0$$

となるので，行列 A の逆行列 A^{-1} が存在することがわかります．

---

[11] 6章の性質 6.2 ($\det E = 1$) と定理 6.11 (積の行列式) を用いる．A^{-1} があれば，$AA^{-1} = E$ で，$\det(AA^{-1}) = (\det A)(\det A^{-1}) = \det E = 1$ なので，$\det A = 0$ とはならない．

(この逆行列が $A^{-1} = \begin{pmatrix} -9 & 7 \\ -5 & 4 \end{pmatrix}$ となります.)

② 行列 $A = \begin{pmatrix} 6 & -12 \\ -4 & 8 \end{pmatrix}$ について

行列 A の行列式 $\det A$ は,

$$\det A = 6 \times 8 - (-4) \times (-12) = 0$$

となるので, この場合, 逆行列は存在しません.

この判定条件は, 今のところ 2×2 行列に限定されています.
「このような判定の方法を 3×3 行列, 4×4 行列, $\cdots$, $n \times n$ 行列の場合に拡張させたい」と考えるのは極めて自然なことです.
つまり, 3×3 以上の正方行列 A についても, 逆行列 A^{-1} を決めるに際して, 「2×2 行列の $\det A$ に対応するもの」があるのではないか？ それは何か？ と興味が出てきませんか.
これらの疑問に向き合うために, 5 章から行列式について学んでいきます.

4章の問題

1. 行列 X を $X = \begin{pmatrix} a & c \\ b & d \end{pmatrix}$ とします。$E = \begin{pmatrix} 1 & 0 \\ 0 & 1 \end{pmatrix}$ と行列 X について，$XE = EX = X$ が成り立つことを示しなさい．

2. 次の正方行列 A は正方行列 X の逆行列であるかどうか調べなさい．

1. $A = \begin{pmatrix} 4 & 3 \\ 9 & 7 \end{pmatrix}$, $X = \begin{pmatrix} 7 & -3 \\ -9 & 4 \end{pmatrix}$

2. $A = \begin{pmatrix} 4 & -5 \\ -6 & 8 \end{pmatrix}$, $X = \begin{pmatrix} 4 & 5 \\ 3 & 4 \end{pmatrix}$

3. $A = \begin{pmatrix} 0 & 5 & 2 \\ 1 & -1 & -2 \\ 0 & 3 & 1 \end{pmatrix}$, $X = \begin{pmatrix} 5 & 1 & -8 \\ -1 & 0 & 2 \\ 3 & 0 & -5 \end{pmatrix}$

3. 次の 2×2 行列の行列式の値を求めなさい．

1. $\begin{pmatrix} 1 & 2 \\ 2 & 5 \end{pmatrix}$ 2. $\begin{pmatrix} 1 & 0 \\ -3 & 2 \end{pmatrix}$ 3. $\begin{pmatrix} 3 & 4 \\ 6 & 8 \end{pmatrix}$ 4. $\begin{pmatrix} 0 & 4 \\ 0 & 3 \end{pmatrix}$

4. 次の 2×2 行列の逆行列を求めなさい．

1. $\begin{pmatrix} 3 & 1 \\ 5 & 2 \end{pmatrix}$ 2. $\begin{pmatrix} -1 & -3 \\ 3 & 4 \end{pmatrix}$ 3. $\begin{pmatrix} -7 & -5 \\ 6 & 5 \end{pmatrix}$

5. 次の2元連立方程式を行列で解きなさい．

1. $\begin{cases} 3x + 4y = 17 \\ 2x + 3y = 12 \end{cases}$ 2. $\begin{cases} 3x - 4y = 7 \\ 2x + 4y = -2 \end{cases}$ 3. $\begin{cases} -2x + 3y = 1 \\ -3x + 7y = -11 \end{cases}$

6. 本章で，行列 $\begin{pmatrix} 0 & 1 & 2 \\ 1 & 2 & 3 \\ -2 & -1 & -1 \end{pmatrix}$ の逆行列は $\begin{pmatrix} 1 & -1 & -1 \\ -5 & 4 & 2 \\ 3 & -2 & -1 \end{pmatrix}$ を示しました．これを用いて，次の連立方程式を解きなさい．

$$\begin{cases} y + 2z = 1 \\ x + 2y + 3z = 2 \\ -2x - y - z = 3 \end{cases}$$

第5章

行列式の定義

　2次正方 (2×2) 行列の逆行列を求めていくにあたって，行列式が重要な役割を果たしていました．そこで，3次以降の正方行列についても行列式を作ればよいのではないかと考えられます．そこで5章では，2次正方行列の場合に倣って，3次，4次，…，n 次正方行列の行列式の定義を考えます．

　この章の行列式の諸性質については，一般に n 次正方行列の行列式で成り立つものです．しかし，本書では，実際の計算では，表現の簡潔さや，理解を容易にするために，4次正方行列までを中心に扱っていきます．4次までの行列式の計算ができれば，5次以上も容易に一般化できると考えられるからです．

　この章に登場する「小行列」，「小行列式」，「余因子」などは，逆行列のための計算式を簡便にし，見通しをたてやすくするためのものです．最初はとっつきにくいかもしれませんが，大変便利な記法なので，ぜひ慣れてください．

5.1　3×3, 4×4の行列式

🌱 3次正方行列, 4次正方行列, …

以下の定義では，特定の行あるいは列との関係が重要ですので，行列の成分に添え字を用いることにします．

定義 5.1　3次正方行列と4次正方行列の行列式

すでに2次正方行列の行列式は4章で以下のように導入してあります．

$$\det \begin{pmatrix} a & c \\ b & d \end{pmatrix} = ad - bc$$

これを用いて，3次正方行列の行列式を定義します．一般に，n 次正方行列の行列式を用いて $(n+1)$ 次正方行列の行列式を定義します．このような方法の定義を**帰納的定義**といいます．

I. 3次正方行列 A の行列式の場合

行列 A が $A = \begin{pmatrix} a & d & g \\ b & e & h \\ c & f & k \end{pmatrix}$ と表されるとき，行列式 $\det A$ を

$$\det A = a \cdot \det \begin{pmatrix} e & h \\ f & k \end{pmatrix} - b \cdot \det \begin{pmatrix} d & g \\ f & k \end{pmatrix} + c \cdot \det \begin{pmatrix} d & g \\ e & h \end{pmatrix}$$

と定義します．この定義には2次正方行列の行列式が使われています．

Ⅱ. 4次正方行列 A の行列式の場合

行列 A が $A = \begin{pmatrix} a & e & k & p \\ b & f & l & q \\ c & g & m & r \\ d & h & n & s \end{pmatrix}$ と表されるとき，行列式 $\det A$

を $\det A = a \cdot \det \begin{pmatrix} f & l & q \\ g & m & r \\ h & n & s \end{pmatrix} - b \cdot \det \begin{pmatrix} e & k & p \\ g & m & r \\ h & n & s \end{pmatrix}$

$+ c \cdot \det \begin{pmatrix} e & k & p \\ f & l & q \\ h & n & s \end{pmatrix} - d \cdot \det \begin{pmatrix} e & k & p \\ f & l & q \\ g & m & r \end{pmatrix}$

と定義します．ここで，3次正方行列の行列式はⅠで定義されています．

4次正方行列の行列式が計算されれば，5次正方行列の行列式も，同じように定義できます．ただ，どんどん式の行数が大きくなり，書くのが容易でなくなります．

そこで $n \times n$ 行列の行列式を表す前に，以下の言葉を定義しておきましょう．

定義 5.2　小行列，小行列式，余因子

正方行列 A の第 i 行の成分と第 j 列の成分をすべて取り除いた行列を行列 A の (i,j) 小行列といい，Δ_{ij} と表します．

また，$\det \Delta_{ij}$ を行列 A の (i,j) 小行列式といいます．

さらに，$(-1)^{i+j} \cdot \det \Delta_{ij}$ を行列 A の (i,j) 余因子といい，A_{ij} と表します．

Δ_{ij} から A_{ij} を定義するとき，$(-1)^{i+j}$ がかかるのは，1列目で展開するとき，右辺が + から始まって，+−+−… と符号が交互に変化することに対応しています．こうしておくと，行列式の符号が A_{ij} のなかにうまく吸収されてしまうのです．

例 5.3　小行列，小行列式，余因子の求め方

3×3 行列 $A = \begin{pmatrix} 1 & 2 & 3 \\ 4 & 5 & 6 \\ 7 & 8 & 9 \end{pmatrix}$ の小行列 Δ_{12} と余因子 A_{32} を求めてみましょう．

定義 5.2 より，行列 A の小行列 Δ_{12} を求めるには，行列 A の1行目と2列目のすべての成分を取り除けばよいので，小行列 Δ_{12} は，

$$\Delta_{12} = \begin{pmatrix} 4 & 6 \\ 7 & 9 \end{pmatrix}$$

となります．

また，行列 A の余因子 A_{32} は $A_{32} = (-1)^{3+2} \cdot \det \Delta_{32}$ となるので，まずは小行列 Δ_{32} を求めます．ここで行列 A の小行列 Δ_{32} は，A の3行目と2列目のすべての成分を取り除いたものですから，

$$\Delta_{32} = \begin{pmatrix} 1 & 3 \\ 4 & 6 \end{pmatrix}$$

となります．この行列式 $\det \Delta_{32}$ は，2次正方行列の行列式の計算法により，

$$\det \Delta_{32} = \det \begin{pmatrix} 1 & 3 \\ 4 & 6 \end{pmatrix} = -6$$

です．したがって，行列 A の余因子 A_{32} は，

$$A_{32} = (-1)^{3+2} \cdot \det \Delta_{32} = 6$$

となります．

　この余因子を用いて 3×3 行列，4×4 行列，$\cdots$，$n \times n$ 行列の行列式を表してみましょう．

性質 5.4　余因子を用いた行列式の表現

Ⅰ. 3×3 行列の行列式の場合

　　3×3 行列 A を $A = \begin{pmatrix} a & d & g \\ b & e & h \\ c & f & k \end{pmatrix}$ とおいたとき，行列式 $\det A$ は，$\det A = a \cdot A_{11} + b \cdot A_{21} + c \cdot A_{31}$ と表されます．

Ⅱ. 4×4 行列の行列式の場合

　　4×4 行列 A を $A = \begin{pmatrix} a & e & k & p \\ b & f & l & q \\ c & g & m & r \\ d & h & n & s \end{pmatrix}$ とおいたとき，行列式 $\det A$ は，$\det A = a \cdot A_{11} + b \cdot A_{21} + c \cdot A_{31} + d \cdot A_{41}$ となります．

余因子記号の簡略化

この表わし方だと，たとえば，a と A_{11} の関係がわかりにくいでしょう．そこで，一般に，文字で表わされた行列 A において，t が行列 A の (i,j) 成分にあるとき，$A_t = A_{ij}$ と書くことにします．

この場合，a が $(1,1)$ 成分にありますから，A_{11} のかわりに A_a と書き，b が $(2,1)$ 成分にありますから A_{21} のかわりに A_b にします．同様に A_{31} のかわりに A_c にして，A_{41} のかわりに A_d にします．

この行列式は以下のように表わされます．

性質 5.5　**文字式の行列式の表現**

3×3 行列 $A = \begin{pmatrix} a & d & g \\ b & e & h \\ c & f & k \end{pmatrix}$ について，

$$\det A = a \cdot A_a + b \cdot A_b + c \cdot A_c$$

4×4 行列 $A = \begin{pmatrix} a & e & k & p \\ b & f & l & q \\ c & g & m & r \\ d & h & n & s \end{pmatrix}$ について，

$$\det A = a \cdot A_a + b \cdot A_b + c \cdot A_c + d \cdot A_d$$

余因子を用いると $n \times n$ 行列の行列式も容易に表すことが出来ます．

性質 5.6　$n \times n$ **行列の行列式**

$n \times n$ 行列 A を $A = \begin{pmatrix} a_{11} & a_{12} & \cdots & a_{1n} \\ a_{21} & a_{22} & \cdots & a_{2n} \\ \vdots & \vdots & \ddots & \vdots \\ a_{n1} & a_{n2} & \cdots & a_{nn} \end{pmatrix}$ とおいたとき，

行列式 $\det A$ は，$\det A = a_{11} \cdot A_{11} + a_{21} \cdot A_{21} + \cdots + a_{n1} \cdot A_{n1}$
と表せます．

　この性質より，$n \times n$ 行列の行列式は 1 列目の n 個の成分とその n 個の成分に対応する余因子を掛け合わせて得られる n 個の積の総和を計算することで求めることができるといえます．つまり，1 列目の列ベクトルと対応する余因子のベクトルの内積です．

　もちろん，この性質は 3 次正方行列，4 次正方行列の行列式でも成り立ちます．2 次正方行列でも，成り立っていると考えられます．

定義 5.7　行列式の 1 列目での展開

　上の性質において，行列式 $\det A$ を，

$$\det A = a_{11} \cdot A_{11} + a_{21} \cdot A_{21} + \cdots + a_{n1} \cdot A_{n1}$$

と計算することを，行列式 $\det A$ を **1 列目で展開する**といいます．

　行列式が定義されたとはいえ，行列式の計算が比較的単純そうにみえる 3 次正方行列の行列式であっても定義通りに計算すると，煩雑になる場合があります．
　実は，行列式に関してはいくつかの計算の工夫ができたり，簡単に計算できる行列が存在したりする場合があります．
　そこで次章からは，行列式の計算の工夫について見ていくことにしましょう．

5章の問題

1. 次の行列の行列式の値を定義に従って求めなさい．

1. $\begin{pmatrix} 1 & 3 & 2 \\ 1 & 2 & 1 \\ 1 & -1 & -3 \end{pmatrix}$ 2. $\begin{pmatrix} 1 & -3 & 3 \\ 0 & 2 & 1 \\ -1 & 2 & -1 \end{pmatrix}$ 3. $\begin{pmatrix} 1 & 2 & 4 & 1 \\ -1 & -1 & -1 & 1 \\ 1 & 3 & 2 & -1 \\ -1 & 2 & 2 & 2 \end{pmatrix}$

2. 次の行列 A の小行列 $\Delta_{11} \sim \Delta_{33}$ と余因子 $A_{11} \sim A_{33}$ の値を求めなさい．

1. $A = \begin{pmatrix} 1 & 2 & 3 \\ 4 & 5 & 6 \\ 7 & 8 & 9 \end{pmatrix}$ 2. $A = \begin{pmatrix} 1 & 3 & -2 \\ -1 & 0 & 4 \\ 2 & 4 & -3 \end{pmatrix}$ 3. $A = \begin{pmatrix} 4 & 3 & -1 \\ 2 & 1 & 5 \\ -1 & 0 & -3 \end{pmatrix}$

第 6 章

特殊な行列の行列式

　前章では，本書の中心のテーマの1つである行列式の定義をしました．

　これで行列式の定義に従えば，2×2 行列の行列式はもちろんのこと，すべての自然数 n について $n \times n$ 行列の行列式が求められることになります．

　しかし，前章の最後でも述べたとおり，行列式の定義に従うだけでは行列式の計算が面倒なことが多いのです．

　そこで本章では，行列式をなるべく簡単に計算するための下準備として，行列式の性質を調べ，いくつかの特殊な行列を導入し，その行列式を計算します．

6.1 行列式がすぐ計算できる行列

🍂 零行列，単位行列の行列式

まず，明らかにわかる行列式として，零行列 O の行列式を見ていきましょう．

性質 6.1 　**零行列の行列式**

　すべての正方零行列 O の行列式 $\det O$ は，$\det O = 0$ となります．

零行列 O の成分はすべて 0 であるため，零行列の行列式について，$\det O = 0$ が成り立つことがすぐわかります．たとえば，3×3 零行列の場合ならば，

$$\det O_3 = \det \begin{pmatrix} 0 & 0 & 0 \\ 0 & 0 & 0 \\ 0 & 0 & 0 \end{pmatrix}$$

$$= 0 \cdot \det \begin{pmatrix} 0 & 0 \\ 0 & 0 \end{pmatrix} - 0 \cdot \det \begin{pmatrix} 0 & 0 \\ 0 & 0 \end{pmatrix} + 0 \cdot \det \begin{pmatrix} 0 & 0 \\ 0 & 0 \end{pmatrix} = 0$$

この計算法は $n \times n$ 零行列でも同じです．

次に簡単に求められるものは，単位行列 E の行列式です．

性質 6.2 　**単位行列の行列式**

　すべての単位行列 E の行列式 $\det E$ は，$\det E = 1$ となります．

例6.3 単位行列の行列式

Ⅰ. 2×2 単位行列 E_2 の場合

$$\det E_2 = \det \begin{pmatrix} 1 & 0 \\ 0 & 1 \end{pmatrix}$$
$$= 1 \times 1 - 0 \times 0$$
$$= 1$$

Ⅱ. 3×3 単位行列 E_3 の場合

$$\det E_3 = \det \begin{pmatrix} 1 & 0 & 0 \\ 0 & 1 & 0 \\ 0 & 0 & 1 \end{pmatrix}$$
$$= 1 \cdot \det \begin{pmatrix} 1 & 0 \\ 0 & 1 \end{pmatrix} - 0 \cdot \det \begin{pmatrix} 0 & 0 \\ 0 & 1 \end{pmatrix} + 0 \cdot \det \begin{pmatrix} 0 & 0 \\ 1 & 0 \end{pmatrix}$$
$$= 1 \cdot \det E_2 = 1$$

Ⅲ. 4×4 単位行列 E_4 の場合

$$\det E_4 = \det \begin{pmatrix} 1 & 0 & 0 & 0 \\ 0 & 1 & 0 & 0 \\ 0 & 0 & 1 & 0 \\ 0 & 0 & 0 & 1 \end{pmatrix}$$
$$= 1 \cdot \det \begin{pmatrix} 1 & 0 & 0 \\ 0 & 1 & 0 \\ 0 & 0 & 1 \end{pmatrix} - 0 \cdot \det \begin{pmatrix} 0 & 0 & 0 \\ 0 & 1 & 0 \\ 0 & 0 & 1 \end{pmatrix}$$
$$+ 0 \cdot \det \begin{pmatrix} 0 & 0 & 0 \\ 1 & 0 & 0 \\ 0 & 0 & 1 \end{pmatrix} - 0 \cdot \det \begin{pmatrix} 0 & 0 & 0 \\ 1 & 0 & 0 \\ 0 & 1 & 0 \end{pmatrix}$$
$$= 1 \cdot \det E_3 = 1$$

同様にして，5×5 以上の単位行列 E についても，帰納的に計算して $\det E = 1$ が成り立つことがわかります．

🌿 上三角行列，下三角行列，対角行列の行列式

ここで性質と例に挙げた零行列と単位行列はこれから定義する「三角行列」の特別な場合と考えられます．三角行列の行列式は，行列計算で本質的に重要な役割を果たします．

定義6.4　上三角行列

下のような形の正方行列を**上三角行列**といいます．つまり，対角成分より左下の成分がすべて 0 の行列です．

$$\begin{pmatrix} a_{11} & a_{12} & \cdots & a_{1n} \\ 0 & a_{22} & \cdots & a_{2n} \\ \vdots & \ddots & \ddots & \vdots \\ 0 & \cdots & 0 & a_{nn} \end{pmatrix}$$

なお，右上の成分（a_{ij} と表示）は，どのような数字や文字でもよいとします．

例6.5　上三角行列の具体例

$$\begin{pmatrix} 2 & 3 \\ 0 & 5 \end{pmatrix}, \quad \begin{pmatrix} 1 & 2 & 3 \\ 0 & 5 & 6 \\ 0 & 0 & 9 \end{pmatrix}, \quad \begin{pmatrix} 1 & -2 & 3 & -4 \\ 0 & -5 & 6 & -7 \\ 0 & 0 & 8 & -9 \\ 0 & 0 & 0 & -10 \end{pmatrix} \quad \text{など}$$

定義 6.6　下三角行列

下のような形の正方行列を**下三角行列**といいます．つまり，対角成分より右上の成分がすべて 0 の行列です．

$$\begin{pmatrix} a_{11} & 0 & \cdots & 0 \\ a_{21} & a_{22} & \ddots & \vdots \\ \vdots & \vdots & \ddots & 0 \\ a_{n1} & a_{n2} & \cdots & a_{nn} \end{pmatrix}$$

なお，左下の成分（a_{ij} と表示）は，どのような数字や文字でもよいとします．

例 6.7　下三角行列の具体例

$$\begin{pmatrix} 2 & 0 \\ 3 & 5 \end{pmatrix}, \quad \begin{pmatrix} 1 & 0 & 0 \\ 4 & 5 & 0 \\ 7 & 8 & 9 \end{pmatrix}, \quad \begin{pmatrix} 1 & 0 & 0 & 0 \\ 2 & -5 & 0 & 0 \\ 3 & -6 & 8 & 0 \\ 4 & -7 & 9 & -10 \end{pmatrix} \quad \text{など}$$

上三角行列の行列式も，以下のように簡単に計算できます．

性質 6.8　上三角行列の行列式

上三角行列の行列式は，対角成分をすべて掛け合わせることで計算できます．言い換えると以下のようになります．

上三角行列 A を $A = \begin{pmatrix} a_{11} & a_{12} & \cdots & a_{1n} \\ 0 & a_{22} & \cdots & a_{2n} \\ \vdots & \ddots & \ddots & \vdots \\ 0 & \cdots & 0 & a_{nn} \end{pmatrix}$ とするとき行列式 $\det A$ は，$\det A = a_{11} a_{22} \cdots a_{nn}$ となります．

例 6.9　上三角行列の行列式の計算の具体例

Ⅰ．2×2 行列の場合

上三角行列 A を $A = \begin{pmatrix} a & c \\ 0 & d \end{pmatrix}$ とします．このとき $\det A$ は

$$\det A = a \times d - 0 \times c = ad$$

となり，前ページの性質が成り立っています．

Ⅱ．3×3 行列の場合

上三角行列 A を $A = \begin{pmatrix} a & d & g \\ 0 & e & h \\ 0 & 0 & k \end{pmatrix}$ とします．このとき $\det A$ は

$$\det A = a \cdot \det \begin{pmatrix} e & h \\ 0 & k \end{pmatrix} - 0 \cdot \det \begin{pmatrix} d & g \\ 0 & k \end{pmatrix} + 0 \cdot \det \begin{pmatrix} d & g \\ e & h \end{pmatrix}$$

$$= a \cdot \det \begin{pmatrix} e & h \\ 0 & k \end{pmatrix} = a(e \times k - 0 \times h)$$

$$= aek$$

ここまで計算すると，一般の $n \times n$ 上三角行列 A についての行列式の計算も見通しが付けられます．

[証明]　一般の $n \times n$ 上三角行列 A を 1 列目で展開すると，

$$\det A = \det \begin{pmatrix} a_{11} & a_{12} & \cdots & a_{1n} \\ 0 & a_{22} & \cdots & a_{2n} \\ \vdots & \ddots & \ddots & \vdots \\ 0 & \cdots & 0 & a_{nn} \end{pmatrix}$$

$$= a_{11} \det \begin{pmatrix} a_{22} & a_{23} & \cdots & a_{2n} \\ 0 & a_{33} & \cdots & a_{3n} \\ \vdots & \ddots & \ddots & \vdots \\ 0 & \cdots & 0 & a_{nn} \end{pmatrix} - 0 \cdot \det \begin{pmatrix} \end{pmatrix} + 0 \cdot \det \begin{pmatrix} \end{pmatrix} - \cdots$$

となり，右辺の 2 項目以降はすべて $0 \cdot \det A_{k1}$ の項が続きます（ただし，$k = 2, \cdots, n$ です）．

ゆえに，

$$\det A = \det \begin{pmatrix} a_{11} & a_{12} & \cdots & a_{1n} \\ 0 & a_{22} & \cdots & a_{2n} \\ \vdots & \ddots & \ddots & \vdots \\ 0 & \cdots & 0 & a_{nn} \end{pmatrix} = a_{11} \det \begin{pmatrix} a_{22} & a_{23} & \cdots & a_{2n} \\ 0 & a_{33} & \cdots & a_{3n} \\ \vdots & \ddots & \ddots & \vdots \\ 0 & \cdots & 0 & a_{nn} \end{pmatrix}$$

となり，計算は，$(n-1) \times (n-1)$ 上三角行列の行列式に帰着されて，順に 1 列で展開すると，$\det A = a_{11} a_{22} \cdots a_{nn}$ と示すことができます． □

例 6.10 さらに具体的な行列式の計算例

性質 6.8 を使って 3×3 行列の行列式を求めることにしましょう．

行列 $A = \begin{pmatrix} 3 & -1 & 7 \\ 0 & 5 & 6 \\ 0 & 0 & 2 \end{pmatrix}$ の行列式 $\det A$ を求めます．A は上三

角行列ですから，

$$\det A = \det \begin{pmatrix} 3 & -1 & 7 \\ 0 & 5 & 6 \\ 0 & 0 & 2 \end{pmatrix}$$

$$= 3 \times 5 \times 2 = 30$$

となります．

6.2 ２つの重要な定理

　さて，さらに行列式の性質を見ていくために，本書では，行列式に関しての以下の**2つの最重要な性質**が成り立つものと仮定して進めていきます．証明は最後の章で示します．意欲のある方はぜひ読んでください．これらの定理はその証明より，その結果を使っていろいろな性質を導くことの方が重要です．

　まず１つ目の性質を見ていきましょう．

定理6.11 | **行列の積の行列式は行列式の積になること**

　２つの $n \times n$ 行列 A, B の行列式 $\det A, \det B$ について以下のことが成り立ちます．

$$\det(AB) = (\det A)(\det B)$$

　証明は11章でやります．ここでは，2×2 行列の場合だけ見ておきましょう．

6.2 2つの重要な定理

[証明]

2×2 行列 A, B を $A = \begin{pmatrix} a & c \\ b & d \end{pmatrix}, B = \begin{pmatrix} e & g \\ f & h \end{pmatrix}$ とします．

$\det A = ad - bc, \det B = eh - fg$ で，

$$(\det A)(\det B) = (ad - bc)(eh - fg)$$
$$= adeh - adfg - bceh + bcfg \quad \cdots\cdots (*)$$

また，2×2 行列 A, B の積 AB は，

$$AB = \begin{pmatrix} a & c \\ b & d \end{pmatrix} \begin{pmatrix} e & g \\ f & h \end{pmatrix} = \begin{pmatrix} ae + cf & ag + ch \\ be + df & bg + dh \end{pmatrix}$$

となるので，

$$\det AB = \det \begin{pmatrix} ae + cf & ag + ch \\ be + df & bg + dh \end{pmatrix}$$
$$= (ae + cf)(bg + dh) - (be + df)(ag + ch)$$
$$= aebg + aedh + cfbg + cfdh - beag - bech - dfag - dfch$$

となります．このうち，以下の下線と波線の項が打ち消しあっているので，

$$= \underwave{aebg} + aedh + cfbg + \underline{cfdh} - \underwave{beag} - bech - dfag - \underline{dfch}$$
$$= aedh + cfbg - bech - dfag$$

この式は（*）と一致しています．

よって，2×2 行列では，$\det(AB) = (\det A)(\det B)$ が成り立ちます． □

例6.12　行列式の積の具体例

2×2 行列と 3×3 行列の具体例を考えることで，定理を確かめましょう．

Ⅰ. 2×2 行列の場合

2×2 行列 A, B を $A = \begin{pmatrix} -2 & -1 \\ 3 & 5 \end{pmatrix}, B = \begin{pmatrix} 2 & 1 \\ 0 & -1 \end{pmatrix}$ とします.

$\det A = -2 \times 5 - 3 \times (-1) = -7, \det B = 2 \times (-1) - 0 \times 1 = -2$ で, $(\det A)(\det B) = 14$. また, 2×2 行列 A, B の積 AB は,

$$AB = \begin{pmatrix} -2 \times 2 + (-1) \times 0 & -2 \times 1 + (-1) \times (-1) \\ 3 \times 2 + 5 \times 0 & 3 \times 1 + 5 \times (-1) \end{pmatrix} = \begin{pmatrix} -4 & -1 \\ 6 & -2 \end{pmatrix}$$

となるので, $\det AB$ は, $\det(AB) = -4 \times (-2) - 6 \times (-1) = 14$ となります.

これより, $\det(AB) = (\det A)(\det B)$ が成り立っています.

Ⅱ. 3×3 行列の場合

3×3 行列 A, B を $A = \begin{pmatrix} -2 & 3 & 5 \\ 4 & 2 & 1 \\ -1 & 1 & 2 \end{pmatrix}, B = \begin{pmatrix} 3 & -1 & 2 \\ 0 & 2 & 3 \\ 2 & -2 & -1 \end{pmatrix}$ とします.

計算の詳細は省きますが, $\det A = -3, \det B = -2$ となります. また, 3×3 行列 A, B の積 AB は,

$$AB = \begin{pmatrix} 4 & -2 & 0 \\ 14 & -2 & 13 \\ 1 & -1 & -1 \end{pmatrix}$$

となるので, 行列式は, $\det(AB) = 6$ となります.

これより, この場合は $\det(AB) = (\det A)(\det B)$ が成り立っています.

2×2 行列と 3×3 行列の場合において，2 つの例で，定理が成り立つことを具体例で確かめました．一般に，この定理はどのような行列でも，どんな自然数 n についても，2 つの $n \times n$ 行列の積について，同様に成り立つことが示されます（証明は 11 章にあります）．

行列式に関するもう 1 つの性質を紹介する前に定義が必要です．

定義 6.13　転置行列

行列 A を $n \times n$ 行列とします．A の第 1 列，第 2 列，…，第 n 列をそれぞれ縦ベクトルとみなしてそれぞれを転置させて n 個の横ベクトルを作ります．そのベクトルを順に第 1 行，第 2 行，…，第 n 行と並べて $n \times n$ 行列を作ります．この行列を A の**転置行列**といいます．これを言い換えると以下のようになります．

$n \times n$ 行列 A を $A = \begin{pmatrix} a_{11} & a_{12} & \cdots & a_{1n} \\ a_{21} & a_{22} & \cdots & a_{2n} \\ \vdots & \vdots & \ddots & \vdots \\ a_{n1} & a_{n2} & \cdots & a_{nn} \end{pmatrix}$ とおきます．ここで $\begin{pmatrix} a_{11} & a_{21} & \cdots & a_{n1} \\ a_{12} & a_{22} & \cdots & a_{n2} \\ \vdots & \vdots & \ddots & \vdots \\ a_{1n} & a_{2n} & \cdots & a_{nn} \end{pmatrix}$ を行列 A の**転置行列**といいます．

また行列 A の転置行列を ${}^t A$ と表します．

ここで具体的に転置行列を 2×2 行列と 3×3 行列の場合で表すと以下のようになります．

Ⅰ．2×2 行列の場合

2×2 行列 A を $A = \begin{pmatrix} a & c \\ b & d \end{pmatrix}$ とおきます．このとき行列 A の転置行列 ${}^tA$ は，${}^tA = \begin{pmatrix} a & b \\ c & d \end{pmatrix}$ となります．

Ⅱ．3×3 行列の場合

行列 $A = \begin{pmatrix} a & d & g \\ b & e & h \\ c & f & k \end{pmatrix}$ について，転置行列 ${}^tA$ は，${}^tA = \begin{pmatrix} a & b & c \\ d & e & f \\ g & h & k \end{pmatrix}$

となります．

ではここで，転置行列の行列式の性質について見ていきましょう．

定理 6.14 **転置行列の行列式は元の行列の行列式に等しい**

正方行列 A とその転置行列 ${}^tA$ の行列式 $\det A, \det({}^tA)$ について，$\det({}^tA) = \det A$ が成り立ちます．

この定理は一般の $n \times n$ 行列で成り立ちますが，証明は 11 章に回します．ここでは，2×2 行列と 3×3 行列の具体例で成り立つことを確かめておきます．

例 6.15 **転置行列の行列式の具体例**

具体例で，上の定理を確かめておきましょう．

Ⅰ. 2×2 行列の場合

2×2 行列 A が $A = \begin{pmatrix} 4 & 5 \\ 7 & 9 \end{pmatrix}$ のとき,転置行列 ${}^tA$ は ${}^tA = \begin{pmatrix} 4 & 7 \\ 5 & 9 \end{pmatrix}$ となります.これらの行列式は,それぞれ,$\det A = 4 \times 9 - 7 \times 5 = 1$,$\det({}^tA) = 4 \times 9 - 5 \times 7 = 1$ で,$\det A = \det({}^tA)$ が成り立っています.

Ⅱ. 3×3 行列の場合

行列 A が $A = \begin{pmatrix} 1 & -3 & -1 \\ -2 & 7 & 2 \\ 4 & 2 & 8 \end{pmatrix}$ のとき,転置行列は,${}^tA = \begin{pmatrix} 1 & -2 & 4 \\ -3 & 7 & 2 \\ -1 & 2 & 8 \end{pmatrix}$ です.この 2 つの行列式を計算します.$\det A$ は,

$$
\begin{aligned}
\det A &= \det \begin{pmatrix} 1 & -3 & -1 \\ -2 & 7 & 2 \\ 4 & 2 & 8 \end{pmatrix} \\
&= 1 \times \det \begin{pmatrix} 7 & 2 \\ 2 & 8 \end{pmatrix} - (-2) \times \det \begin{pmatrix} -3 & -1 \\ 2 & 8 \end{pmatrix} + 4 \times \det \begin{pmatrix} -3 & -1 \\ 7 & 2 \end{pmatrix} \\
&= 1 \times (7 \times 8 - 2 \times 2) - (-2) \times \{-3 \times 8 - 2 \times (-1)\} \\
&\qquad\qquad\qquad\qquad\qquad\qquad + 4 \times \{-3 \times 2 - 7 \times (-1)\} \\
&= 52 - 44 + 4 = 12
\end{aligned}
$$

となります.

また,転置行列 ${}^tA$ の行列式は,

$$\det {}^t\!A = \det \begin{pmatrix} 1 & -2 & 4 \\ -3 & 7 & 2 \\ -1 & 2 & 8 \end{pmatrix}$$

$$= 1 \times \det \begin{pmatrix} 7 & 2 \\ 2 & 8 \end{pmatrix} - (-3) \times \det \begin{pmatrix} -2 & 4 \\ 2 & 8 \end{pmatrix} + (-1) \times \det \begin{pmatrix} -2 & 4 \\ 7 & 2 \end{pmatrix}$$

$$= 1 \times (7 \times 8 - 2 \times 2) - (-3) \times (-2 \times 8 - 2 \times 4)$$
$$+ (-1) \times (-2 \times 2 - 7 \times 4)$$

$$= 52 - 72 + 32 = 12$$

となり,この場合も,$\det A = \det({}^t\!A)$ が成り立っています.

6.3 転置行列に関する定理を利用する

この「$\det A = \det({}^t\!A)$」の定理を用いると以下の性質が成り立ちます.

性質 6.16 下三角行列の行列式

$n \times n$ 下三角行列 A を $A = \begin{pmatrix} a_{11} & 0 & \cdots & 0 \\ a_{21} & a_{22} & \ddots & \vdots \\ \vdots & \vdots & \ddots & 0 \\ a_{n1} & a_{n2} & \cdots & a_{nn} \end{pmatrix}$ とおきます.このとき行列式 $\det A$ は,$\det A = a_{11}a_{22}\cdots a_{nn}$ となります.

[説明]

正式な証明は 11 章にあります．ここでは，下三角行列 A の転置行列 ${}^t A$ が上三角行列になり，上三角行列の行列式がすでに計算されていることを利用します．

$$\det A = \det({}^t A) = \det \begin{pmatrix} a_{11} & a_{21} & \cdots & a_{n1} \\ 0 & a_{22} & \cdots & a_{n2} \\ \vdots & \ddots & \ddots & \vdots \\ 0 & \cdots & 0 & a_{nn} \end{pmatrix}$$

$$= a_{11} a_{22} \cdots a_{nn}$$

□

2×2 行列，3×3 行列の場合の下三角行列の行列式を求めてみましょう．

例 6.17　下三角行列の行列式

Ⅰ．2×2 行列の場合（普通の計算でできます）

下三角行列 A は $A = \begin{pmatrix} a & 0 \\ b & d \end{pmatrix}$ とおけます．このとき $\det A$ は

$$\det A = a \times d - b \times 0$$
$$= ad$$

となり，定理は成立しています．

Ⅱ．3×3 行列の場合

下三角行列 A は $A = \begin{pmatrix} a & 0 & 0 \\ b & e & 0 \\ c & f & k \end{pmatrix}$ と表せます．このとき $\det A$ は

$$\det A = \det \begin{pmatrix} a & 0 & 0 \\ b & e & 0 \\ c & f & k \end{pmatrix}$$

$$= \det \begin{pmatrix} a & b & c \\ 0 & e & f \\ 0 & 0 & k \end{pmatrix} \quad (\det A = \det {}^t A \text{ より})$$

$$= aek \quad \text{（上三角行列の行列式の性質から）}$$

よって，この場合も定理は成立します．

4×4 行列以上の $n \times n$ 下三角行列 A については，転置行列を用いて上三角行列にすれば，同様に $\det A = a_{11}a_{22}\cdots a_{nn}$ が成り立つことが予想されます．ただ，証明の都合で，11 章では，転置行列を用いないで証明してあります．

例6.18 下三角行列の行列式の具体的計算

ここでは，以下の 3×3 下三角行列 A の行列式 $\det A$ を求めてみます．

$$A = \begin{pmatrix} -2 & 0 & 0 \\ 5 & 3 & 0 \\ 9 & -6 & 4 \end{pmatrix}$$

下三角行列の行列式の性質から，対角成分の数字を掛け合わせて，

$$\det A = (-2) \times 3 \times 4 = -24$$

ここで以下のような行列を定義しましょう．

定義 6.19　対角行列

下のような対角成分以外の成分がすべて 0 である正方行列を**対角行列**といいます．このとき対角成分（$a_{11}, a_{22}, \cdots, a_{nn}$）は，どの数字や文字があっても構いません．

$$\begin{pmatrix} a_{11} & 0 & \cdots & 0 \\ 0 & a_{22} & \ddots & \vdots \\ \vdots & \ddots & \ddots & 0 \\ 0 & \cdots & 0 & a_{nn} \end{pmatrix}$$

例 6.20　対角行列

$$\begin{pmatrix} 2 & 0 \\ 0 & 5 \end{pmatrix}, \quad \begin{pmatrix} 1 & 0 & 0 \\ 0 & 5 & 0 \\ 0 & 0 & 9 \end{pmatrix}, \quad \begin{pmatrix} 1 & 0 & 0 & 0 \\ 0 & -5 & 0 & 0 \\ 0 & 0 & 8 & 0 \\ 0 & 0 & 0 & -10 \end{pmatrix} \quad \text{など}$$

また，零行列 O，単位行列 E はそれぞれ対角行列の 1 つといえます．

さらに，対角行列は，上三角行列と下三角行列の特別な場合ということができます．

上三角行列の行列式と下三角行列の行列式は，どちらの場合も行列の対角成分をすべて掛け合わせることで求められました．

つまり，対角行列について，明らかに以下の性質が成り立ちます．

> **性質 6.21** 対角行列の行列式
>
> $n \times n$ 対角行列 $A = \begin{pmatrix} a_{11} & 0 & \cdots & 0 \\ 0 & a_{22} & \ddots & \vdots \\ \vdots & \ddots & \ddots & 0 \\ 0 & \cdots & 0 & a_{nn} \end{pmatrix}$ について，この行列式 $\det A$ は，$\det A = a_{11}a_{22}\cdots a_{nn}$ となります．

例 6.22 対角行列の行列式の具体的計算

以下の 3×3 対角行列 A の行列式 $\det A$ を求めてみます．

$$A = \begin{pmatrix} 7 & 0 & 0 \\ 0 & -2 & 0 \\ 0 & 0 & -1 \end{pmatrix}$$

対角成分の数 $7,\ -2,\ -1$ を掛け合わせて，

$$\det A = 7 \times (-2) \times (-1) = 14$$

となります．

6.4　1 行目での展開

🍂 行列式の行での展開

5 章では，行列 A の行列式 $\det A$ を，余因子を用いて表現しました．この結果は，転置行列の行列式の性質を用いることで，以下の形でも表現できます．

性質 6.23 $n \times n$ 行列の行列式の行での展開

$n \times n$ 行列 A を $A = \begin{pmatrix} a_{11} & a_{12} & \cdots & a_{1n} \\ a_{21} & a_{22} & \cdots & a_{2n} \\ \vdots & \vdots & \ddots & \vdots \\ a_{n1} & a_{n2} & \cdots & a_{nn} \end{pmatrix}$ とおいたとき,

行列式 $\det A$ は, $\det A = a_{11} \cdot A_{11} + a_{12} \cdot A_{12} + \cdots + a_{1n} \cdot A_{1n}$ となる.

[証明]

$n \times n$ 行列 A の転置行列 ${}^t A$ は,

$${}^t A = \begin{pmatrix} a_{11} & a_{21} & \cdots & a_{n1} \\ a_{12} & a_{22} & \cdots & a_{n2} \\ \vdots & \vdots & \ddots & \vdots \\ a_{1n} & a_{2n} & \cdots & a_{nn} \end{pmatrix}$$

となります. ここで行列式の定義より (1 列目で展開), 行列式 $\det {}^t A$ を計算すると,

$$\det {}^t A = a_{11} \cdot A_{11} + a_{12} \cdot A_{12} + \cdots + a_{1n} \cdot A_{1n}$$

となります. さらに, $\det A = \det {}^t A$ が成り立つので,

$$\det A = \det {}^t A = a_{11} \cdot A_{11} + a_{12} \cdot A_{12} + \cdots + a_{1n} \cdot A_{1n}$$

がいえます. □

上の結果は,「$n \times n$ 行列の行列式は 1 行目の n 個の成分とその n 個の成分に対応する余因子をそれぞれ掛け合わせた積を加えることで得られる」といえます. このことを次のようにいいます.

定義 6.24 行列式の 1 行目での展開

性質 6.23 の行列式 $\det A$ の計算法, すなわち,

$$\det A = a_{11} \cdot A_{11} + a_{12} \cdot A_{12} + \cdots + a_{1n} \cdot A_{1n}$$

と計算することを, 行列式 $\det A$ を 1 行目で展開するといいます.

前ページの性質では, 一般の $n \times n$ 行列での行列式の求め方になっているので少々わかりづらく思われるかもしれません. そこで, 3×3 行列と 4×4 行列の場合の形も見ておきましょう.

系 6.25 3×3 行列の行列式と 4×4 行列の 1 行目の展開

Ⅰ. 3×3 行列の行列式の場合

3×3 行列 A を $A = \begin{pmatrix} a & d & g \\ b & e & h \\ c & f & k \end{pmatrix}$ とおいたとき, 行列式 $\det A$ を 1 行目で展開すると

$$\det A = a \det \begin{pmatrix} e & h \\ f & k \end{pmatrix} - d \det \begin{pmatrix} b & h \\ c & k \end{pmatrix} + g \det \begin{pmatrix} b & e \\ c & f \end{pmatrix}$$

$$= a \cdot A_a + d \cdot A_d + g \cdot A_g$$

が成り立ちます.

ただし, A_a, A_d, A_g は, それぞれ A の中の成分 a, d, g の余因子を表します.

Ⅱ. 4×4 行列の行列式の場合

4×4 行列 A を $A = \begin{pmatrix} a & e & k & p \\ b & f & l & q \\ c & g & m & r \\ d & h & n & s \end{pmatrix}$ とおいたとき, 行列式

$\det A$ を 1 行目で展開すると

$$\det A = a \begin{pmatrix} f & l & q \\ g & m & r \\ h & n & s \end{pmatrix} - e \begin{pmatrix} b & l & q \\ c & m & r \\ d & n & s \end{pmatrix} + k \begin{pmatrix} b & f & q \\ c & g & r \\ d & h & s \end{pmatrix} - p \begin{pmatrix} b & f & l \\ c & g & m \\ d & h & n \end{pmatrix}$$

$$= a \cdot A_a + e \cdot A_e + k \cdot A_k + p \cdot A_p$$

が成り立ちます.

ただし, A_a, A_e, A_k, A_p は, それぞれ A の中の成分 a, e, k, p の余因子を表します.

───

この性質 6.23 と系の結果の式の「**1 行目で展開する**」は, 行列式の計算の選択肢を広げてくれますが, 次章以降の行列式の扱い方にも方向性を与えてくれます.

6章の問題

1. 次の行列の行列式の値を求めなさい．

1. $\begin{pmatrix} 4 & 2 & 7 \\ 0 & 2 & 6 \\ 0 & 0 & 3 \end{pmatrix}$ 2. $\begin{pmatrix} 3 & -2 & 4 & 5 \\ 0 & -1 & 7 & 1 \\ 0 & 0 & 2 & 9 \\ 0 & 0 & 0 & -5 \end{pmatrix}$ 3. $\begin{pmatrix} -3 & 0 & 0 \\ 4 & -5 & 0 \\ 3 & 13 & -2 \end{pmatrix}$

4. $\begin{pmatrix} 4 & 0 & 0 & 0 \\ -4 & -1 & 0 & 0 \\ -2 & 5 & 2 & 0 \\ -1 & 7 & 9 & -6 \end{pmatrix}$

2. 以下の行列を転置行列で表し，転置行列の行列式の性質を用いて，行列式の値を求めなさい．

1. $\begin{pmatrix} 3 & 0 & 0 \\ -9 & -4 & 1 \\ 8 & 7 & 5 \end{pmatrix}$ 2. $\begin{pmatrix} 1 & 0 & -1 \\ 5 & 6 & 8 \\ 2 & 3 & 4 \end{pmatrix}$ 3. $\begin{pmatrix} 2 & 0 & 3 \\ 5 & 5 & 7 \\ -1 & 4 & -2 \end{pmatrix}$

4. $\begin{pmatrix} 0 & 0 & 1 & 0 \\ 2 & 3 & 1 & -2 \\ 1 & -2 & -2 & 1 \\ 1 & 1 & -2 & -1 \end{pmatrix}$

第 7 章

行列式の計算の工夫

　この章では，前章の結果を用いて，行列式の諸性質をさらに調べて，行列式の計算を簡単にできるように工夫することを考えます．

　面積を求めるときには，面積を変えないで扱いやすい形（たとえば長方形）に変えますね．それと同じで，行列式の値は変えないで，扱いやすい行列に変えることを目標に進みます．

7.1 「基本行列」による行列の変形

🌿 基本行列

上三角行列や下三角行列を 6 章で導入しました．ここで以下のような特別な上三角行列（または下三角行列）を考えます．

定義 7.1　基本行列

$n \times n$ 単位行列 E の対角成分以外の (i,j) 成分に，実数 α を 1 つだけ付け加えた行列を**基本行列**といい，$C_{i,j}(\alpha)$ と表します．条件より，$i \neq j$ です．

この行列は「i 列のそれぞれの成分の α 倍を j 列に加える操作」あるいは「j 行のそれぞれの成分の α 倍を i 行に加える操作」を表すときに用いるものです．

例 7.2　基本行列

Ⅰ．2×2 基本行列の場合

$$C_{1,2}(-5) = \begin{pmatrix} 1 & -5 \\ 0 & 1 \end{pmatrix} \quad , \quad C_{2,1}(3) = \begin{pmatrix} 1 & 0 \\ 3 & 1 \end{pmatrix} \quad \text{など}$$

Ⅱ．3×3 基本行列の場合

$$C_{1,3}(2) = \begin{pmatrix} 1 & 0 & 2 \\ 0 & 1 & 0 \\ 0 & 0 & 1 \end{pmatrix} \quad , \quad C_{3,2}(-1) = \begin{pmatrix} 1 & 0 & 0 \\ 0 & 1 & 0 \\ 0 & -1 & 1 \end{pmatrix} \quad \text{など}$$

Ⅲ．4×4 基本行列の場合

$$C_{2,4}(7) = \begin{pmatrix} 1 & 0 & 0 & 0 \\ 0 & 1 & 0 & 7 \\ 0 & 0 & 1 & 0 \\ 0 & 0 & 0 & 1 \end{pmatrix} \quad , \quad C_{3,1}(1) = \begin{pmatrix} 1 & 0 & 0 & 0 \\ 0 & 1 & 0 & 0 \\ 1 & 0 & 1 & 0 \\ 0 & 0 & 0 & 1 \end{pmatrix} \quad \text{など}$$

ここで，行列 A と基本行列 $C_{i,j}(\alpha)$ との積について考えてみましょう．すると，一般に以下のことが成り立ちます．

性質7.3　基本行列と行列との積

$n \times n$ 行列 A に $n \times n$ 基本行列 $C_{i,j}(\alpha)$ を右から掛けた行列の積 $AC_{i,j}(\alpha)$ は，行列 A の「j 列目に i 列目の α 倍を足した」行列になります．

例7.4　基本行列と行列の積1

ここでは，上の性質が成り立つことを確認するために，2×2 行列，3×3 行列，4×4 行列の3つの場合の例を見ていくことにします．

I．2×2 行列の場合

2×2 行列 A と 2×2 基本行列 $C_{i,j}(\alpha)$ として，以下の場合を考えてみましょう．

$$A = \begin{pmatrix} a & c \\ b & d \end{pmatrix} \quad , \quad C_{2,1}(3) = \begin{pmatrix} 1 & 0 \\ 3 & 1 \end{pmatrix}$$

このとき行列の積 $AC_{2,1}(3)$ は，

$$AC_{2,1}(3) = \begin{pmatrix} a & c \\ b & d \end{pmatrix} \begin{pmatrix} 1 & 0 \\ 3 & 1 \end{pmatrix} = \begin{pmatrix} a+3c & c \\ b+3d & d \end{pmatrix}$$

となるので,この行列 $AC_{2,1}(3)$ は行列 A の「1列目に2列目の3倍を足した」行列になります.

Ⅱ. 3×3 行列の場合

3×3 行列 A と 3×3 基本行列 $C_{i,j}(\alpha)$ として,以下の場合を考えてみましょう.

$$A = \begin{pmatrix} a & d & g \\ b & e & h \\ c & f & k \end{pmatrix} \quad , \quad C_{1,3}(2) = \begin{pmatrix} 1 & 0 & 2 \\ 0 & 1 & 0 \\ 0 & 0 & 1 \end{pmatrix}$$

このとき行列の積 $AC_{1,3}(2)$ は,

$$AC_{1,3}(2) = \begin{pmatrix} a & d & g \\ b & e & h \\ c & f & k \end{pmatrix} \begin{pmatrix} 1 & 0 & 2 \\ 0 & 1 & 0 \\ 0 & 0 & 1 \end{pmatrix} = \begin{pmatrix} a & d & 2a+g \\ b & e & 2b+h \\ c & f & 2c+k \end{pmatrix}$$

となるので,この行列 $AC_{1,3}(2)$ は行列 A の「3列目に1列目の2倍を足した」行列になります.

Ⅲ. 4×4 行列の場合

4×4 行列 A と 4×4 基本行列 $C_{i,j}(\alpha)$ として,以下の場合を考えてみましょう.

$$A = \begin{pmatrix} a & e & k & p \\ b & f & l & q \\ c & g & m & r \\ d & h & n & s \end{pmatrix} \quad , \quad C_{3,2}(-4) = \begin{pmatrix} 1 & 0 & 0 & 0 \\ 0 & 1 & 0 & 0 \\ 0 & -4 & 1 & 0 \\ 0 & 0 & 0 & 1 \end{pmatrix}$$

このとき行列の積 $AC_{3,2}(-4)$ は,

$$AC_{3,2}(-4) = \begin{pmatrix} a & e & k & p \\ b & f & l & q \\ c & g & m & r \\ d & h & n & s \end{pmatrix} \begin{pmatrix} 1 & 0 & 0 & 0 \\ 0 & 1 & 0 & 0 \\ 0 & -4 & 1 & 0 \\ 0 & 0 & 0 & 1 \end{pmatrix} = \begin{pmatrix} a & e+(-4)k & k & p \\ b & f+(-4)l & l & q \\ c & g+(-4)m & m & r \\ d & h+(-4)n & n & s \end{pmatrix}$$

となるので,この行列 $AC_{3,2}(-4)$ は行列 A の「2列目に3列目の -4 倍を足した」行列になることがわかります.

ここまでは,行列 A に右から基本行列 $C_{i,j}(\alpha)$ を掛けた行列の積 $AC_{i,j}(\alpha)$ を考えてきましたが,行列 A に左から基本行列 $C_{i,j}(\alpha)$ を掛けた行列の積 $C_{i,j}(\alpha)A$ についても考えてみましょう.

性質7.5　基本行列と行列の積2

$n \times n$ 行列 A に $n \times n$ 基本行列 $C_{i,j}(\alpha)$ を左から掛けた行列の積 $C_{i,j}(\alpha)A$ は,行列 A の「i 行目に j 行目の α 倍を足した」行列になります.

例7.6　基本行列と行列との積

ここでは,上の性質が成り立つことを確認するために,2×2 行列,3×3 行列,4×4 行列の3つの場合の例を見ていくことにします.

また,この例 7.6 で,左から掛ける基本行列 $C_{i,j}(\alpha)$ は,例 7.4 で右から掛けた行列と同じものです.右からの積 $AC_{i,j}(\alpha)$ と左からの積 $C_{i,j}(\alpha)A$ でどう違うのかということにも注目してください.

I. 2×2 行列の場合

2×2 行列 A と 2×2 基本行列 $C_{i,j}(\alpha)$ として,以下の場合を考えてみましょう.

$$A = \begin{pmatrix} a & c \\ b & d \end{pmatrix} \quad , \quad C_{2,1}(3) = \begin{pmatrix} 1 & 0 \\ 3 & 1 \end{pmatrix}$$

このとき行列の積 $C_{2,1}(3)A$ は,以下のように計算されます.

$$C_{2,1}(3)A = \begin{pmatrix} 1 & 0 \\ 3 & 1 \end{pmatrix} \begin{pmatrix} a & c \\ b & d \end{pmatrix} = \begin{pmatrix} a & c \\ 3a+b & 3c+d \end{pmatrix}$$

この行列 $C_{2,1}(3)A$ は行列 A の「2行目に1行目の3倍を足した」行列です.

II. 3×3 行列の場合

3×3 行列 A と 3×3 基本行列 $C_{i,j}(\alpha)$ として,以下の場合を考えてみましょう.

$$A = \begin{pmatrix} a & d & g \\ b & e & h \\ c & f & k \end{pmatrix} \quad , \quad C_{1,3}(2) = \begin{pmatrix} 1 & 0 & 2 \\ 0 & 1 & 0 \\ 0 & 0 & 1 \end{pmatrix}$$

このとき行列の積 $C_{1,3}(2)A$ は,以下のように計算されます.

$$C_{1,3}(2)A = \begin{pmatrix} 1 & 0 & 2 \\ 0 & 1 & 0 \\ 0 & 0 & 1 \end{pmatrix} \begin{pmatrix} a & d & g \\ b & e & h \\ c & f & k \end{pmatrix} = \begin{pmatrix} a+2c & d+2f & g+2k \\ b & e & h \\ c & f & k \end{pmatrix}$$

この行列 $C_{1,3}(2)A$ は行列 A の「1行目に3行目の2倍を足した」行列です.

Ⅲ. 4×4 行列の場合

4×4 行列 A と 4×4 基本行列 $C_{i,j}(\alpha)$ として,以下の場合を考えてみましょう.

$$A = \begin{pmatrix} a & e & k & p \\ b & f & l & q \\ c & g & m & r \\ d & h & n & s \end{pmatrix}, \quad C_{3,2}(-4) = \begin{pmatrix} 1 & 0 & 0 & 0 \\ 0 & 1 & 0 & 0 \\ 0 & -4 & 1 & 0 \\ 0 & 0 & 0 & 1 \end{pmatrix}$$

このとき行列の積 $C_{3,2}(-4)A$ は,以下のように計算されます.

$$C_{3,2}(-4)A = \begin{pmatrix} 1 & 0 & 0 & 0 \\ 0 & 1 & 0 & 0 \\ 0 & -4 & 1 & 0 \\ 0 & 0 & 0 & 1 \end{pmatrix} \begin{pmatrix} a & e & k & p \\ b & f & l & q \\ c & g & m & r \\ d & h & n & s \end{pmatrix}$$

$$= \begin{pmatrix} a & e & k & p \\ b & f & l & q \\ (-4)b+c & (-4)f+g & (-4)l+m & (-4)q+r \\ d & h & n & s \end{pmatrix}$$

この行列 $C_{3,2}(-4)A$ は行列 A の「3行目に2行目の -4 倍を足した」行列です.

以上のことから,行列 A のある行(列)に別の行(列)の α 倍を足す操作は,「A に基本行列 $C_{i,j}(\alpha)$ を左(右)から掛けることによって得られること」に対応します.

7.2 基本行列の積で行列式は不変

🌱 基本行列と行列式

6 章でも確かめたように，基本行列は上三角行列（または下三角行列）の 1 つといえるので，三角行列の行列式の結果（性質 6.8 または性質 6.16）から以下のことが出てきます．

性質 7.7 **基本行列の行列式**

基本行列 $C_{i,j}(\alpha)$ の行列式 $\det C_{i,j}(\alpha)$ について，以下のことが成り立ちます．

$$\det C_{i,j}(\alpha) = 1$$

例 7.8 **基本行列の行列式**

ここでは，例 7.4 や例 7.6 で見てきた基本行列 $C_{i,j}(\alpha)$ の行列式 $\det C_{i,j}(\alpha)$ が実際に，$\det C_{i,j}(\alpha) = 1$ となることを確かめてみます．考えかたは同じなので，3×3 行列の場合だけ確かめれば十分でしょう．

3×3 行列の基本行列の中の 1 つ $C_{1,3}(2) = \begin{pmatrix} 1 & 0 & 2 \\ 0 & 1 & 0 \\ 0 & 0 & 1 \end{pmatrix}$ について考えましょう．この行列は上三角行列で，その行列式 $\det C_{1,3}(2)$ は，対角成分を掛け合わせたものでした（性質 6.8）．よって，

$$\det C_{1,3}(2) = \det \begin{pmatrix} 1 & 0 & 2 \\ 0 & 1 & 0 \\ 0 & 0 & 1 \end{pmatrix} = 1 \times 1 \times 1 = 1$$

となります．この計算の方法は，$n \times n$ 行列の n がどのような数であっても同じです．ですから，三角行列の行列式に関する性質 6.8 あるいは性質 6.16 が成り立っていれば，$\det C_{i,j}(\alpha) = 1$ が成り立つことは明らかです．

今の結果と，定理 6.11 の「行列の積の行列式はそれぞれの行列式の積に等しい（$\det(AB) = (\det A)(\det B)$）」を用いることで，以下の性質が成り立つことがいえます．

性質 7.9 **ある列（行）に別の列（行）の定数倍を加える**

正方行列 A の第 i 列（第 i 行）に第 j 列（第 j 行）の α 倍を足した行列を A' とすると，$\det A' = \det A$ です．すなわち，この操作で行列式は変化しません．

[証明]
Ⅰ．正方行列 A の第 i 列に第 j 列の α 倍した列を足した行列 A' は，$A' = AC_{j,i}(\alpha)$ と表されることを性質 7.3 で見ました．ここで行列 A' における行列式 $\det A'$ は，定理 6.11 より，

$$\begin{aligned}
\det A' &= \det\left(AC_{j,i}(\alpha)\right) \\
&= (\det A)\left(\det C_{j,i}(\alpha)\right) &&\text{(定理 6.11 より)} \\
&= \det A \times 1 &&(\det C_{j,i}(\alpha) = 1 \text{ より}) \\
&= \det A
\end{aligned}$$

が成り立ちます．

Ⅱ. 正方行列 A の第 i 行に第 j 行の α 倍を足した行列 A' は，$A' = C_{i,j}(\alpha)A$ と表されることを性質 7.5 で見ました．ここで行列 A' における行列式 $\det A'$ は，定理 6.11 より，以下のことが成り立ちます．

$$\begin{aligned}\det A' &= \det\left(C_{i,j}(\alpha)A\right) \\ &= (\det C_{i,j}(\alpha))(\det A) &&\text{(定理 6.11 より)} \\ &= 1 \times \det A &&(\det C_{i,j}(\alpha) = 1 \text{ より}) \\ &= \det A\end{aligned}$$

□

このことから，行列のある行に別のある行の実数倍をしたものを足してできた行列の行列式は，元の行列の行列式と変わらないことがいえます．また列に関しても同様で，行列のある列に別のある列の定数倍をしたものを足してできた行列の行列式も，元の行列の行列式と変わらないことがいえます．

例 7.10　性質 7.9 のいっていること

ここでは，性質 7.9 の内容を具体的に表してみます．

Ⅰ. 2×2 行列の場合の例

行列 A と $C_{i,j}(\alpha)$ として，以下の場合を考えてみましょう．

$$A = \begin{pmatrix} a & c \\ b & d \end{pmatrix} \quad,\quad C_{2,1}(3) = \begin{pmatrix} 1 & 0 \\ 3 & 1 \end{pmatrix}$$

このとき行列の積 $C_{2,1}(3)A$ は，

$$C_{2,1}(3)A = \begin{pmatrix} 1 & 0 \\ 3 & 1 \end{pmatrix}\begin{pmatrix} a & c \\ b & d \end{pmatrix} = \begin{pmatrix} a & c \\ 3a+b & 3c+d \end{pmatrix}$$

となるので，この行列 $C_{2,1}(3)A$ は行列 A の 2 行目に 1 行目の 3 倍を足した行列になることがわかります．

また，$\det\{C_{2,1}(3)A\} = a(3c+d)-(3a+b)c = ad-bc = \det A$ となっています．

以下の II と III の行列式の計算は，省略します（この性質 7.9 で計算を省略できます）．

II．3×3 行列の場合

$$\det \begin{pmatrix} a & d & 2a+g \\ b & e & 2b+h \\ c & f & 2c+k \end{pmatrix} = \det \begin{pmatrix} a & d & g \\ b & e & h \\ c & f & k \end{pmatrix},$$

$$\det \begin{pmatrix} a+2c & d+2f & g+2k \\ b & e & h \\ c & f & k \end{pmatrix} = \det \begin{pmatrix} a & d & g \\ b & e & h \\ c & f & k \end{pmatrix}$$

III．4×4 行列の場合

$$\det \begin{pmatrix} a & e+(-4)k & k & p \\ b & f+(-4)l & l & q \\ c & g+(-4)m & m & r \\ d & h+(-4)n & n & s \end{pmatrix} = \det \begin{pmatrix} a & e & k & p \\ b & f & l & q \\ c & g & m & r \\ d & h & n & s \end{pmatrix}$$

$$\det \begin{pmatrix} a & e & k & p \\ b & f & l & q \\ (-4)b+c & (-4)f+g & (-4)l+m & (-4)q+r \\ d & h & n & s \end{pmatrix} = \det \begin{pmatrix} a & e & k & p \\ b & f & l & q \\ c & g & m & r \\ d & h & n & s \end{pmatrix}$$

では，「ある列（行）に別の列（行）の定数倍を加えても行列式

が変わらない」という性質を利用して実際に行列式の計算問題を解いてみましょう．

例7.11 「ある列（行）＋別の列（行）の定数倍」の利用

ここでは，3×3 行列と 4×4 行列の場合について考えていくことにします．

Ⅰ．3×3 行列の場合

行列 $\begin{pmatrix} 1 & -2 & 4 \\ 2 & 1 & 3 \\ -1 & 4 & -1 \end{pmatrix}$ の行列式 $\det \begin{pmatrix} 1 & -2 & 4 \\ 2 & 1 & 3 \\ -1 & 4 & -1 \end{pmatrix}$ の値を求めましょう．

この行列の 2 行目に 1 行目の -2 倍を，行列の 3 行目に 1 行目の 1 倍をそれぞれ足しても行列式の値は変わらないので，

$$\det \begin{pmatrix} 1 & -2 & 4 \\ 2 & 1 & 3 \\ -1 & 4 & -1 \end{pmatrix}$$

$$= \det \begin{pmatrix} 1 & -2 & 4 \\ 2+(-2)\times 1 & 1+(-2)\times(-2) & 3+(-2)\times 4 \\ -1+1\times 1 & 4+1\times(-2) & -1+1\times 4 \end{pmatrix}$$

$$= \det \begin{pmatrix} 1 & -2 & 4 \\ 0 & 5 & -5 \\ 0 & 2 & 3 \end{pmatrix}$$

$$= 1 \times \det \begin{pmatrix} 5 & -5 \\ 2 & 3 \end{pmatrix} - 0 \times \det \begin{pmatrix} -2 & 4 \\ 2 & 3 \end{pmatrix} + 0 \times \begin{pmatrix} -2 & 4 \\ 5 & -5 \end{pmatrix}$$

$$= \det \begin{pmatrix} 5 & -5 \\ 2 & 3 \end{pmatrix} = 5 \times 3 - 2 \times (-5) = 25$$

と計算することができます．

Ⅱ．4×4 行列の場合

行列 $\begin{pmatrix} -1 & -4 & 3 & -2 \\ 6 & 1 & 1 & 3 \\ 1 & 3 & 2 & -2 \\ 4 & 0 & 2 & 1 \end{pmatrix}$ の行列式 $\det \begin{pmatrix} -1 & -4 & 3 & -2 \\ 6 & 1 & 1 & 3 \\ 1 & 3 & 2 & -2 \\ 4 & 0 & 2 & 1 \end{pmatrix}$ の値を求めましょう．

「ある列（行）＋別の列（行）の定数倍」より，行列の 2 行目に 1 行目の 6 倍を，行列の 3 行目に 1 行目の 1 倍を，行列の 4 行目に 1 行目の 4 倍をそれぞれ足しても行列式の値は変わらないので，次のように 3×3 行列の行列式にすることができます．

$$\det \begin{pmatrix} -1 & -4 & 3 & -2 \\ 6 & 1 & 1 & 3 \\ 1 & 3 & 2 & -2 \\ 4 & 0 & 2 & 1 \end{pmatrix}$$

$$= \det \begin{pmatrix} -1 & -4 & 3 & -2 \\ 6+6\times(-1) & 1+6\times(-4) & 1+6\times 3 & 3+6\times(-2) \\ 1+1\times(-1) & 3+1\times(-4) & 2+1\times 3 & -2+1\times(-2) \\ 4+4\times(-1) & 0+4\times(-4) & 2+4\times 3 & 1+4\times(-2) \end{pmatrix}$$

$$= \det \begin{pmatrix} -1 & -4 & 3 & -2 \\ 0 & -23 & 19 & -9 \\ 0 & -1 & 5 & -4 \\ 0 & -16 & 14 & -7 \end{pmatrix}$$

$$= -(-1)^{1+1} \det \begin{pmatrix} -23 & 19 & -9 \\ -1 & 5 & -4 \\ -16 & 14 & -7 \end{pmatrix} = -\det \begin{pmatrix} -23 & 19 & -9 \\ -1 & 5 & -4 \\ -16 & 14 & -7 \end{pmatrix}$$

ここで，でてきた行列の行列式について，さらに，以下のような「ある列（行）＋別の列（行）の定数倍」を繰り返します．

$$-\det \begin{pmatrix} -23 & 19 & -9 \\ -1 & 5 & -4 \\ -16 & 14 & -7 \end{pmatrix} = -\det \begin{pmatrix} -23 + (-1) \times (-16) & 19 + (-1) \times 14 & -9 + (-1) \times (-7) \\ -1 & 5 & -4 \\ -16 & 14 & -7 \end{pmatrix}$$

（3 行目の -1 倍を 1 行目に加える）

$$= -\det \begin{pmatrix} -7 & 5 & -2 \\ -1 & 5 & -4 \\ -16 & 14 & -7 \end{pmatrix} = -\det \begin{pmatrix} -7 & 5 & -2 \\ -1 & 5 & -4 \\ -16 + (-2) \times (-7) & 14 + (-2) \times 5 & -7 + (-2) \times (-2) \end{pmatrix}$$

（1 行目の -2 倍を 3 行目に加える）

$$= -\det \begin{pmatrix} -7 & 5 & -2 \\ -1 & 5 & -4 \\ -2 & 4 & -3 \end{pmatrix} = -\det \begin{pmatrix} -7 + (-7) \times (-1) & 5 + (-7) \times 5 & -2 + (-7) \times (-4) \\ -1 & 5 & -4 \\ -2 + (-2) \times (-1) & 4 + (-2) \times 5 & -3 + (-2) \times (-4) \end{pmatrix}$$

（2 行目の -7 倍を 1 行目に加え，2 行目の -2 倍を 3 行目に加える）

$$= -\det \begin{pmatrix} 0 & -30 & 26 \\ -1 & 5 & -4 \\ 0 & -6 & 5 \end{pmatrix} = -(-1)^{2+1} \times (-1) \det \begin{pmatrix} -30 & 26 \\ -6 & 5 \end{pmatrix}$$

$$= -\{-30 \times 5 - (-6) \times 26\} = -6$$

と計算されます．

ここでの行列式の計算のコツは,「ある列（行）に別の列（行）の定数倍を加える操作」を繰り返し使うことによって,計算しやすい行列にすることです.つまり,1列目の成分を1つだけ残して,ほかの1列目の成分をすべて0にしてから,行列式の定義に従えば, $n \times n$ 行列の行列式が $(n-1) \times (n-1)$ 行列の行列式の計算にすることができます.この操作を繰り返して, 2×2 行列の行列式にまで下げてしまえば簡単な計算になるのです.

7章の問題

1. 次の基本行列 $C_{i,j}(\alpha)$ を書き表しなさい.
   1. 3×3 行列 $C_{2,3}(-4)$ 2. 4×4 行列 $C_{4,3}(x)$

2. 次の行列 A,B の積 AB と積 BA をそれぞれ計算しなさい.

1. $A = \begin{pmatrix} a & d & g \\ b & e & h \\ c & f & k \end{pmatrix}, B = \begin{pmatrix} 1 & 0 & 0 \\ 0 & 1 & 2 \\ 0 & 0 & 1 \end{pmatrix}$

2. $A = \begin{pmatrix} a & e & k & p \\ b & f & l & q \\ c & g & m & r \\ d & h & n & s \end{pmatrix}, B = \begin{pmatrix} 1 & 0 & 0 & 0 \\ 0 & 1 & 0 & 0 \\ 0 & 0 & 1 & 0 \\ 0 & 3 & 0 & 1 \end{pmatrix}$

3. この章の性質 7.9 の「ある列（行）に別の列（行）の定数倍を加えても行列式が変わらない」という性質を用い，例と同様に，次の行列の行列式の計算をしなさい．

1. $\begin{pmatrix} 1 & -3 & -4 \\ 2 & 3 & 1 \\ -2 & 1 & 5 \end{pmatrix}$ 2. $\begin{pmatrix} -2 & 1 & 2 \\ 1 & 7 & 4 \\ 5 & 5 & -2 \end{pmatrix}$ 3. $\begin{pmatrix} 7 & 1 & 6 \\ 3 & 5 & 4 \\ -2 & 1 & -1 \end{pmatrix}$

4. $\begin{pmatrix} 2 & 3 & 6 & -3 \\ 2 & 4 & 3 & 2 \\ -1 & 1 & 1 & -1 \\ -3 & 4 & -2 & 5 \end{pmatrix}$

第 8 章

入れ替え行列

　この章では，7章で導入した基本行列と同じくらい重要な行列を導入します．以下で紹介する「入れ替え行列」も，行列式の計算を簡単にするために利用されますし，さらにその先には大きな果実も期待できます．

8.1 列と列，あるいは行と行を入れ替える行列

入れ替え行列

定義 8.1　入れ替え行列

単位行列 E の第 i 列と第 j 列を入れ替えた行列（ただし，$i \neq j$ とする）を入れ替え行列といい，$D_{i,j}$ と表します．一般に，$D_{i,j} = D_{j,i}$ で，どちらを使っても構いません．

例 8.2　入れ替え行列の例

I．2×2 行列の入れ替え行列

2×2 行列の入れ替え行列 $D_{i,j}$ は，$D_{1,2} = \begin{pmatrix} 0 & 1 \\ 1 & 0 \end{pmatrix}$ だけです．

II．3×3 行列の入れ替え行列

3×3 行列の入れ替え行列 $D_{i,j}$ は，

$$D_{1,2} = \begin{pmatrix} 0 & 1 & 0 \\ 1 & 0 & 0 \\ 0 & 0 & 1 \end{pmatrix}, \quad D_{2,3} = \begin{pmatrix} 1 & 0 & 0 \\ 0 & 0 & 1 \\ 0 & 1 & 0 \end{pmatrix}, \quad D_{1,3} = \begin{pmatrix} 0 & 0 & 1 \\ 0 & 1 & 0 \\ 1 & 0 & 0 \end{pmatrix}$$

の 3 つです．

III．4×4 行列の入れ替え行列

4×4 行列の入れ替え行列 $D_{i,j}$ は全部で 6 つあり（4 列から入れ替える 2 列取り出す組み合わせが ${}_4C_2 = 6$ です），具体例として，

$$D_{1,2} = \begin{pmatrix} 0 & 1 & 0 & 0 \\ 1 & 0 & 0 & 0 \\ 0 & 0 & 1 & 0 \\ 0 & 0 & 0 & 1 \end{pmatrix}, D_{1,3} = \begin{pmatrix} 0 & 0 & 1 & 0 \\ 0 & 1 & 0 & 0 \\ 1 & 0 & 0 & 0 \\ 0 & 0 & 0 & 1 \end{pmatrix}, D_{2,4} = \begin{pmatrix} 1 & 0 & 0 & 0 \\ 0 & 0 & 0 & 1 \\ 0 & 0 & 1 & 0 \\ 0 & 1 & 0 & 0 \end{pmatrix}$$

などがあります．

この例を見ればわかるように，単位行列 E の第 i 列と第 j 列を入れ替えた行列（入れ替え行列）とは，単位行列 E の第 i 行と第 j 行を入れ替えた行列と考えることもできます．

ではここで，行列 A と $D_{i,j}$ との積について考えてみましょう．すると，一般に以下のことが成り立ちます．

性質 8.3 **行列と入れ替え行列との積その 1**

$n \times n$ 行列 A に $n \times n$ 入れ替え行列 $D_{i,j}$ を右から掛けた行列の積 $AD_{i,j}$ は，行列 A の i 列目と j 列目を入れ替えた行列になります．

例 8.4 **行列と入れ替え行列との積その 1**

このことを直観的に理解するために，2×2 行列，3×3 行列，4×4 行列の 3 つの場合の例を見ていくことにします．

I．2×2 行列の場合

2×2 行列 A と 2×2 入れ替え行列 $D_{i,j}$ として，以下の場合を考えてみましょう．

$$A = \begin{pmatrix} a & c \\ b & d \end{pmatrix} \quad , \quad D_{1,2} = \begin{pmatrix} 0 & 1 \\ 1 & 0 \end{pmatrix}$$

このとき行列の積 $AD_{1,2}$ は,

$$AD_{1,2} = \begin{pmatrix} a & c \\ b & d \end{pmatrix} \begin{pmatrix} 0 & 1 \\ 1 & 0 \end{pmatrix} = \begin{pmatrix} c & a \\ d & b \end{pmatrix}$$

で, この行列 $AD_{1,2}$ は行列 A の 1 列目と 2 列目を入れ替えた行列になります.

II. 3×3 行列の場合

3×3 行列 A と 3×3 入れ替え行列 $D_{i,j}$ として, 以下の場合を考えてみましょう.

$$A = \begin{pmatrix} a & d & g \\ b & e & h \\ c & f & k \end{pmatrix} , \quad D_{2,3} = \begin{pmatrix} 1 & 0 & 0 \\ 0 & 0 & 1 \\ 0 & 1 & 0 \end{pmatrix}$$

このとき行列の積 $AD_{2,3}$ は,

$$AD_{2,3} = \begin{pmatrix} a & d & g \\ b & e & h \\ c & f & k \end{pmatrix} \begin{pmatrix} 1 & 0 & 0 \\ 0 & 0 & 1 \\ 0 & 1 & 0 \end{pmatrix} = \begin{pmatrix} a & g & d \\ b & h & e \\ c & k & f \end{pmatrix}$$

で, この行列 $AD_{2,3}$ は行列 A の 2 列目と 3 列目を入れ替えた行列になります.

III. 4×4 行列の場合

4×4 行列 A と 4×4 入れ替え行列 $D_{i,j}$ として, 以下の場合を考えてみましょう.

$$A = \begin{pmatrix} a & e & k & p \\ b & f & l & q \\ c & g & m & r \\ d & h & n & s \end{pmatrix} \quad , \quad D_{1,4} = \begin{pmatrix} 0 & 0 & 0 & 1 \\ 0 & 1 & 0 & 0 \\ 0 & 0 & 1 & 0 \\ 1 & 0 & 0 & 0 \end{pmatrix}$$

このとき行列の積 $AD_{1,4}$ は,

$$AD_{1,4} = \begin{pmatrix} a & e & k & p \\ b & f & l & q \\ c & g & m & r \\ d & h & n & s \end{pmatrix} \begin{pmatrix} 0 & 0 & 0 & 1 \\ 0 & 1 & 0 & 0 \\ 0 & 0 & 1 & 0 \\ 1 & 0 & 0 & 0 \end{pmatrix} = \begin{pmatrix} p & e & k & a \\ q & f & l & b \\ r & g & m & c \\ s & h & n & d \end{pmatrix}$$

で,この行列 $AD_{1,4}$ は行列 A の 1 列目と 4 列目を入れ替えた行列になります.

ここまで,行列 A に右から入れ替え行列 $D_{i,j}$ を掛けた行列の積 $AD_{i,j}$ を考えてきましたが,行列 A に左から入れ替え行列 $D_{i,j}$ を掛けた行列の積 $D_{i,j}A$ についても考えましょう.

性質 8.5 行列と入れ替え行列との積その 2

$n \times n$ 行列 A に $n \times n$ 入れ替え行列 $D_{i,j}$ を左から掛けた行列の積 $D_{i,j}A$ は,行列 A の i 行目と j 行目を入れ替えた行列になります.

例 8.6 行列と入れ替え行列との積その 2

ここでは,上の性質が成り立つことを直観的に理解するために,2×2 行列,3×3 行列,4×4 行列の 3 つの場合の例を見ていくことにします.

また,ここの例で考える入れ替え行列 $D_{i,j}$ については例 8.4

と同じ行列にしてあります．行列の積 $AD_{i,j}$ と積 $D_{i,j}A$ との違いにも注目してください．

Ⅰ．2×2 行列の場合

2×2 行列 A と 2×2 入れ替え行列 $D_{i,j}$ として，以下の場合を考えてみましょう．

$$A = \begin{pmatrix} a & c \\ b & d \end{pmatrix} \quad , \quad D_{1,2} = \begin{pmatrix} 0 & 1 \\ 1 & 0 \end{pmatrix}$$

このとき行列の積 $D_{1,2}A$ は，

$$D_{1,2}A = \begin{pmatrix} 0 & 1 \\ 1 & 0 \end{pmatrix} \begin{pmatrix} a & c \\ b & d \end{pmatrix} = \begin{pmatrix} b & d \\ a & c \end{pmatrix}$$

で，この行列 $D_{1,2}A$ は行列 A の1行目と2行目を入れ替えた行列になります．

Ⅱ．3×3 行列の場合

3×3 行列 A と 3×3 入れ替え行列 $D_{i,j}$ として，以下の場合を考えてみましょう．

$$A = \begin{pmatrix} a & d & g \\ b & e & h \\ c & f & k \end{pmatrix} \quad , \quad D_{2,3} = \begin{pmatrix} 1 & 0 & 0 \\ 0 & 0 & 1 \\ 0 & 1 & 0 \end{pmatrix}$$

このとき行列の積 $D_{2,3}A$ は，

$$D_{2,3}A = \begin{pmatrix} 1 & 0 & 0 \\ 0 & 0 & 1 \\ 0 & 1 & 0 \end{pmatrix} \begin{pmatrix} a & d & g \\ b & e & h \\ c & f & k \end{pmatrix} = \begin{pmatrix} a & d & g \\ c & f & k \\ b & e & h \end{pmatrix}$$

で，この行列 $D_{2,3}A$ は行列 A の2行目と3行目を入れ替えた行

列になります．

Ⅲ．4×4 行列の場合

4×4 行列 A と 4×4 入れ替え行列 $D_{i,j}$ として，以下の場合を考えてみましょう．

$$A = \begin{pmatrix} a & e & k & p \\ b & f & l & q \\ c & g & m & r \\ d & h & n & s \end{pmatrix}, \quad D_{1,4} = \begin{pmatrix} 0 & 0 & 0 & 1 \\ 0 & 1 & 0 & 0 \\ 0 & 0 & 1 & 0 \\ 1 & 0 & 0 & 0 \end{pmatrix}$$

このとき行列の積 $D_{1,4}A$ は，

$$D_{1,4}A = \begin{pmatrix} 0 & 0 & 0 & 1 \\ 0 & 1 & 0 & 0 \\ 0 & 0 & 1 & 0 \\ 1 & 0 & 0 & 0 \end{pmatrix} \begin{pmatrix} a & e & k & p \\ b & f & l & q \\ c & g & m & r \\ d & h & n & s \end{pmatrix} = \begin{pmatrix} d & h & n & s \\ b & f & l & q \\ c & g & m & r \\ a & e & k & p \end{pmatrix}$$

で，この行列 $D_{1,4}A$ は行列 A の 1 行目と 4 行目を入れ替えた行列になります．

8.2 入れ替えた行列の行列式は？

ここまでのことから，行列 A に入れ替え行列 $D_{i,j}$ を左（右）から掛けることが，行列のある行（列）と別の行（列）を入れ替える操作に対応していることが直観的に理解できたでしょう．

さて，この入れ替え行列 $D_{i,j}$ の行列式 $\det D_{i,j}$ は以下のようになります．

性質 8.7 入れ替え行列の行列式

$n \times n$ 入れ替え行列 $D_{i,j}$ の行列式 $\det D_{i,j}$ は，$\det D_{i,j} = -1$ となります．

この証明は 11 章で行います．

例 8.8 入れ替え行列の行列式

ここでは，今まで出てきた入れ替え行列 $D_{i,j}$ の行列式 $\det D_{i,j}$ が実際に，性質 8.7 にあるように，$\det D_{i,j} = -1$ となることを確かめてみます．

I. 2×2 行列の場合

入れ替え行列 $D_{1,2} = \begin{pmatrix} 0 & 1 \\ 1 & 0 \end{pmatrix}$ の行列式 $\det D_{1,2}$ は，

$$\det D_{1,2} = \det \begin{pmatrix} 0 & 1 \\ 1 & 0 \end{pmatrix} = -1$$

となります．

II. 3×3 行列の場合

入れ替え行列 $D_{2,3} = \begin{pmatrix} 1 & 0 & 0 \\ 0 & 0 & 1 \\ 0 & 1 & 0 \end{pmatrix}$ の行列式 $\det D_{2,3}$ は，

$$\det D_{2,3} = \det \begin{pmatrix} 1 & 0 & 0 \\ 0 & 0 & 1 \\ 0 & 1 & 0 \end{pmatrix} = 1 \cdot \det \begin{pmatrix} 0 & 1 \\ 1 & 0 \end{pmatrix} = -1$$

となります．

Ⅲ. 4×4 行列の場合

入れ替え行列 $D_{1,4} = \begin{pmatrix} 0 & 0 & 0 & 1 \\ 0 & 1 & 0 & 0 \\ 0 & 0 & 1 & 0 \\ 1 & 0 & 0 & 0 \end{pmatrix}$ の行列式 $\det D_{1,4}$ は,

$$\det D_{1,4} = \det \begin{pmatrix} 0 & 0 & 0 & 1 \\ 0 & 1 & 0 & 0 \\ 0 & 0 & 1 & 0 \\ 1 & 0 & 0 & 0 \end{pmatrix}$$

$$= (-1)^{4+1} \cdot 1 \cdot \det \begin{pmatrix} 0 & 0 & 1 \\ 1 & 0 & 0 \\ 0 & 1 & 0 \end{pmatrix} = -1 \cdot \det \begin{pmatrix} 0 & 0 & 1 \\ 1 & 0 & 0 \\ 0 & 1 & 0 \end{pmatrix}$$

$$= (-1) \cdot (-1)^{2+1} \cdot \det \begin{pmatrix} 0 & 1 \\ 1 & 0 \end{pmatrix}$$

$$= (-1) \cdot (-1) \cdot (0 \times 0 - 1 \times 1) = -1$$

となります.

この性質と定理 6.11「行列の積の行列式はそれぞれの行列式の積に等しい ($\det(AB) = (\det A)(\det B)$)」を用いることで,次の性質が成り立ちます.

性質 8.9　入れ替えた行列の行列式

正方行列 A の第 i 行（第 i 列）と第 j 行（第 j 列）を入れ替えた行列 A' における行列式 $\det A'$ と,元の行列 A の行列式 $\det A$ について,以下の等式が成り立ちます.

$$\det A' = -\det A$$

この性質は「入れ替えた行列の行列式」と略記します.

[証明]

Ⅰ. 正方行列 A の第 i 行と第 j 行を入れ替えた行列 A' は，$A' = D_{i,j}A$ と表されます．よって，行列 A' における行列式 $\det A'$ は，「積の行列式」の定理より，

$$\begin{aligned}\det A' &= \det(D_{i,j}A) \\ &= (\det D_{i,j})(\det A) \\ &= -1 \times (\det A) \\ &= -\det A\end{aligned}$$

が成り立ちます．

Ⅱ. 正方行列 A の第 i 列と第 j 列を入れ替えた行列 A' は，$A' = AD_{i,j}$ と表されました．よって，行列 A' の行列式 $\det A'$ は，「積の行列式」の定理より，

$$\begin{aligned}\det A' &= \det(AD_{i,j}) \\ &= (\det A)(\det D_{i,j}) \\ &= -\det A\end{aligned}$$

が成り立ちます．

以上のことから，行列のある行と別のある行を入れ替えてできた行列の行列式は，元の行列の行列式と絶対値は等しく，符号を逆にしたものです．また列に関しても同じことがいえ，行列のある列と別のある列を入れ替えてできた行列の行列式も，元の行列の行列式の符号を逆にしたものです． □

例 8.10　列や行を入れ替えたときの行列式

今の性質の意味を簡単な行列の例で具体的な形で書いてみます．

Ⅰ．2×2 行列の場合

$$\det \begin{pmatrix} c & a \\ d & b \end{pmatrix} = -\det \begin{pmatrix} a & c \\ b & d \end{pmatrix} \quad , \quad \det \begin{pmatrix} b & d \\ a & c \end{pmatrix} = -\det \begin{pmatrix} a & c \\ b & d \end{pmatrix}$$

Ⅱ．3×3 行列の場合

$$\det \begin{pmatrix} a & g & d \\ b & h & e \\ c & k & f \end{pmatrix} = -\det \begin{pmatrix} a & d & g \\ b & e & h \\ c & f & k \end{pmatrix}, \det \begin{pmatrix} a & d & g \\ c & f & k \\ b & e & h \end{pmatrix} = -\det \begin{pmatrix} a & d & g \\ b & e & h \\ c & f & k \end{pmatrix}$$

　　　　　　2 列目と 3 列目の入れ替え　　　　　　2 行目と 3 行目の入れ替え

Ⅲ．4×4 行列の場合

$$\det \begin{pmatrix} p & e & k & a \\ q & f & l & b \\ r & g & m & c \\ s & h & n & d \end{pmatrix} = -\det \begin{pmatrix} a & e & k & p \\ b & f & l & q \\ c & g & m & r \\ d & h & n & s \end{pmatrix},$$

1 列目と 4 列目の入れ替え

$$\det \begin{pmatrix} d & h & n & s \\ b & f & l & q \\ c & g & m & r \\ a & e & k & p \end{pmatrix} = -\det \begin{pmatrix} a & e & k & p \\ b & f & l & q \\ c & g & m & r \\ d & h & n & s \end{pmatrix}$$

1 行目と 4 行目の入れ替え

では，いま示した性質を利用して実際に行列式の計算をしてみましょう．

例 8.11 「入れ替えた行列の行列式」の利用例

ここでは，3×3 行列と 4×4 行列の場合について考えていくことにします．

I. 3×3 行列の場合

行列 $\begin{pmatrix} -8 & 1 & 7 \\ 3 & 0 & -2 \\ -2 & 0 & 1 \end{pmatrix}$ の行列式 $\det \begin{pmatrix} -8 & 1 & 7 \\ 3 & 0 & -2 \\ -2 & 0 & 1 \end{pmatrix}$ の値を求めましょう．

（計算）

行列の 1 列目と 2 列目を入れ替えると，1 列目が展開しやすい列になります．「入れ替えた行列の行列式」より，この行列の行列式は元の行列の行列式の符号が変わったものです．よって，

$$
\det \begin{pmatrix} -8 & 1 & 7 \\ 3 & 0 & -2 \\ -2 & 0 & 1 \end{pmatrix} = -\det \begin{pmatrix} 1 & -8 & 7 \\ 0 & 3 & -2 \\ 0 & -2 & 1 \end{pmatrix}
$$

$$
= -(-1)^{1+1} \det \begin{pmatrix} 3 & -2 \\ -2 & 1 \end{pmatrix}
$$

$$
= 1
$$

と計算されます．

II. 4×4 行列の場合

行列 $\begin{pmatrix} -1 & 0 & -5 & 7 \\ 3 & 0 & 0 & 4 \\ 9 & 2 & -7 & 8 \\ 0 & 0 & 0 & -2 \end{pmatrix}$ の行列式 $\det \begin{pmatrix} -1 & 0 & -5 & 7 \\ 3 & 0 & 0 & 4 \\ 9 & 2 & -7 & 8 \\ 0 & 0 & 0 & -2 \end{pmatrix}$ の値を求めましょう．

(計算)

行列の 1 列目と 2 列目を入れ替えてから展開し，以下のように，3×3 行列の行列式にすることができます．

$$\det \begin{pmatrix} -1 & 0 & -5 & 7 \\ 3 & 0 & 0 & 4 \\ 9 & 2 & -7 & 8 \\ 0 & 0 & 0 & -2 \end{pmatrix} = -\det \begin{pmatrix} 0 & -1 & -5 & 7 \\ 0 & 3 & 0 & 4 \\ 2 & 9 & -7 & 8 \\ 0 & 0 & 0 & -2 \end{pmatrix}$$

$$= -2\,(-1)^{3+1} \det \begin{pmatrix} -1 & -5 & 7 \\ 3 & 0 & 4 \\ 0 & 0 & -2 \end{pmatrix}$$

$$= -2 \det \begin{pmatrix} -1 & -5 & 7 \\ 3 & 0 & 4 \\ 0 & 0 & -2 \end{pmatrix}$$

この行列式において行列の 1 列目と 2 列目を入れ替えて，展開し 2×2 の行列式にします．この場合は，上三角行列になるので，もっと易しくできます．

$$-2 \det \begin{pmatrix} -1 & -5 & 7 \\ 3 & 0 & 4 \\ 0 & 0 & -2 \end{pmatrix} = (-1) \cdot (-2) \det \begin{pmatrix} -5 & -1 & 7 \\ 0 & 3 & 4 \\ 0 & 0 & -2 \end{pmatrix}$$

$$= 2 \det \begin{pmatrix} -5 & -1 & 7 \\ 0 & 3 & 4 \\ 0 & 0 & -2 \end{pmatrix}$$

$$= 2 \times (-5) \times 3 \times (-2)$$

$$= 60$$

と計算することができます．

8.3 ある行（列）がすべて0なら

ここで，「入れ替えた行列の行列式」の性質を用いることで以下の性質が成り立ちます．

性質 8.12 **ある行（列）の成分がすべて 0 である行列の行列式**

$n \times n$ 行列 A のある行（列）の成分がすべて 0 であるとき，その行列式 $\det A$ について，$\det A = 0$ が成り立ちます．

[証明]

Ⅰ．$n \times n$ 行列 A のある列の成分がすべて 0 であるとき

$n \times n$ 行列 A の第 i 列の成分がすべて 0 であるとします．この行列 A の 1 列目と i 列目を入れ替えた行列を B とすると，$\det B = -\det A$ が成り立ちます．

一方，1 列目の成分がすべて 0 である行列 B の行列式 $\det B$ を 1 列目で展開すると，

$$\begin{aligned}\det A &= -\det B \\ &= -(b_{11} \cdot B_{11} + b_{21} \cdot B_{21} + \cdots + b_{n1} \cdot B_{n1}) \\ &= -(0 \cdot B_{11} + 0 \cdot B_{21} + \cdots + 0 \cdot B_{n1}) \\ &= 0\end{aligned}$$

が成り立ちます．したがって，$\det A = 0$ が成り立ちます．

Ⅱ．$n \times n$ 行列 A のある行の成分がすべて 0 であるとき

$n \times n$ 行列 A の第 j 行の成分がすべて 0 であるとします．この行列 A の転置行列 ${}^t A$ を考えると，この行列 ${}^t A$ は第 j 列の成分がすべて

0 であるといえます．したがって，I．と同様に考えれば，$\det {}^t\!A = 0$ となります．

ここで「転置行列の行列式の定理（$\det {}^t\!A = \det A$ が成り立つ）」を用いれば，$\det A = \det {}^t\!A = 0$ が成り立ちます． □

例 8.13　ある行（列）の成分がすべて 0 である行列の行列式

性質 8.12 が成り立つことについては，行列式の計算をするまでもなくすぐに確認できるので，どういう行列なのかを確認するだけでよいでしょう．

I．行列のある列の成分がすべて 0 である場合

$$\det \begin{pmatrix} 0 & 9 & -5 \\ 0 & -7 & 4 \\ 0 & 5 & 2 \end{pmatrix} = 0, \ \det \begin{pmatrix} 6 & 0 & -7 \\ -3 & 0 & 4 \\ 1 & 0 & 8 \end{pmatrix} = 0, \ \det \begin{pmatrix} 2 & 4 & 0 \\ 5 & 6 & 0 \\ -1 & 3 & 0 \end{pmatrix} = 0$$

II．行列のある行の成分がすべて 0 である場合

$$\det \begin{pmatrix} 0 & 0 & 0 \\ 4 & 2 & -1 \\ 5 & 9 & 3 \end{pmatrix} = 0, \ \det \begin{pmatrix} 5 & -4 & 9 \\ 0 & 0 & 0 \\ 2 & 2 & 7 \end{pmatrix} = 0, \ \det \begin{pmatrix} -1 & -6 & 7 \\ 8 & 5 & -3 \\ 0 & 0 & 0 \end{pmatrix} = 0$$

ここでさらに，性質 8.12 と「ある列（行）に別の列（行）の α 倍を加えても行列式が変わらない」を用いることで，次の性質が成り立ちます．

性質8.14 2つの行（列）が等しい行列の行列式

$n \times n$ 行列 A の第 i 行（列）と第 j 行（列）がベクトルとして互いに等しいとき，その行列 A の行列式 $\det A$ について，$\det A = 0$ となります．

[証明]

行列 A の第 i 行（列）に第 j 行（列）を -1 倍した行（列）を加えると，行列 A の第 i 行（列）の成分はすべて 0 になります．

よって，前の性質（性質8.12）より $\det A = 0$ が成り立ちます． □

例8.15 2つの行（列）が等しい行列の行列式

この性質についても，形を見るだけですぐ計算できます．ですから，3×3 行列の例を挙げておくだけにします．

$$\det \begin{pmatrix} -5 & 9 & -5 \\ 4 & -7 & 4 \\ 2 & 5 & 2 \end{pmatrix} = 0, \ \det \begin{pmatrix} 2 & 6 & -2 \\ -2 & -9 & 5 \\ -2 & -9 & 5 \end{pmatrix} = 0,$$

　　1列目と3列目が同じ　　　　2行目と3行目が同じ

$$\det \begin{pmatrix} -4 & 3 & 3 \\ 6 & 5 & 5 \\ 2 & 5 & 5 \end{pmatrix} = 0$$

2列目と3列目が同じ

このように基本行列や入れ替え行列の性質を利用することで，行列式の計算を簡単にできるのです．

8章の問題

1. 次の行列 A, B の積 AB と積 BA をそれぞれ計算しなさい．

1. $A = \begin{pmatrix} a & b \\ c & d \end{pmatrix}, B = \begin{pmatrix} 0 & 1 \\ 1 & 0 \end{pmatrix}$　2. $A = \begin{pmatrix} a & b & c \\ d & e & f \\ g & h & k \end{pmatrix}, B = \begin{pmatrix} 1 & 0 & 0 \\ 0 & 0 & 1 \\ 0 & 1 & 0 \end{pmatrix}$

3. $A = \begin{pmatrix} a & b & c \\ d & e & f \\ g & h & k \end{pmatrix}, B = \begin{pmatrix} 0 & 0 & 1 \\ 1 & 0 & 0 \\ 0 & 1 & 0 \end{pmatrix}$

4. $A = \begin{pmatrix} a & b & c & d \\ e & f & g & h \\ k & l & m & n \\ p & q & r & s \end{pmatrix}, B = \begin{pmatrix} 0 & 0 & 1 & 0 \\ 0 & 1 & 0 & 0 \\ 1 & 0 & 0 & 0 \\ 0 & 0 & 0 & 1 \end{pmatrix}$

2. 必要なら，入れ替え行列を利用して，次の行列の行列式を計算しなさい．

1. $\begin{pmatrix} 3 & 7 & 5 \\ 0 & -1 & -2 \\ 0 & 4 & 0 \end{pmatrix}$　2. $\begin{pmatrix} 0 & 1 & 0 & 0 \\ 1 & 0 & 5 & 0 \\ 0 & 0 & 0 & 1 \\ 0 & 0 & 1 & 0 \end{pmatrix}$　3. $\begin{pmatrix} 7 & 2 & -1 & 9 \\ -8 & 0 & 3 & -6 \\ 4 & 0 & 0 & -9 \\ 0 & 0 & 0 & 5 \end{pmatrix}$

3. 次の行列の行列式の値を求めなさい．

1. $\begin{pmatrix} 6 & 0 & 3 \\ 2 & 0 & 6 \\ 9 & 0 & 7 \end{pmatrix}$　2. $\begin{pmatrix} 6 & 7 & 3 \\ 4 & -5 & 2 \\ 6 & 7 & 3 \end{pmatrix}$　3. $\begin{pmatrix} -4 & 0 & -8 \\ 5 & 1 & 2 \\ 3 & -2 & 6 \end{pmatrix}$　4. $\begin{pmatrix} 6 & 6 & 9 & 6 \\ -2 & 3 & 0 & 1 \\ 12 & -3 & 6 & 3 \\ 10 & -5 & 5 & 5 \end{pmatrix}$

第9章

行列式の展開

　この章では，前章までの結果を用いて，行列式を2列目，3列目，$\cdots$，n列目（もしくは2行目，3行目，$\cdots$，n行目）で展開する方法を学んでいきます．この計算が逆行列を提示するときに本質的な役割を果たします．

　行列式を i 列目（ただし $i \neq 1$）で展開するには，8章で導入した入れ替え行列を用いて，i 列と1列を入れ替えた行列を作り，その行列で改めて1列目で展開するのです．

9.1 行列式の列展開

🌱 行列式の展開

性質 9.1 **行列式の列での展開**

$n \times n$ 行列 A を $A = \begin{pmatrix} a_{11} & a_{12} & \cdots & a_{1n} \\ a_{21} & a_{22} & \cdots & a_{2n} \\ \vdots & \vdots & \ddots & \vdots \\ a_{n1} & a_{n2} & \cdots & a_{nn} \end{pmatrix}$ とおいたとき,

行列 A の行列式 $\det A$ は, $\det A = a_{1j} \cdot A_{1j} + a_{2j} \cdot A_{2j} + \cdots + a_{nj} \cdot A_{nj}$ となります.(ただし, $j = 1, 2, \cdots, n$)

この証明は,8 章までの結果を使えば,それほど難しくはありませんが,表現が少し面倒かもしれません.

上の性質の内容を 3×3 行列,4×4 行列の場合に見てみましょう.

性質 9.2 **3 次,4 次での行列式の列での展開**

I. 3×3 行列の行列式の場合

$A = \begin{pmatrix} a & d & g \\ b & e & h \\ c & f & k \end{pmatrix}$ とおいたとき,行列 A の行列式 $\det A$ は,

9.1 行列式の列展開

$$\det A = a \det \begin{pmatrix} e & h \\ f & k \end{pmatrix} - b \det \begin{pmatrix} d & g \\ f & k \end{pmatrix} + c \det \begin{pmatrix} d & g \\ e & h \end{pmatrix}$$
… (定義)

$$\det A = -d \det \begin{pmatrix} b & h \\ c & k \end{pmatrix} + e \det \begin{pmatrix} a & g \\ c & k \end{pmatrix} - f \det \begin{pmatrix} a & g \\ b & h \end{pmatrix}$$
… (2 列目の展開)

$$\det A = g \det \begin{pmatrix} b & e \\ c & f \end{pmatrix} - h \det \begin{pmatrix} a & d \\ c & f \end{pmatrix} + k \det \begin{pmatrix} a & d \\ b & e \end{pmatrix}$$
… (3 列目の展開)

と表されます.

Ⅱ. 4×4 行列の行列式の場合

$$A = \begin{pmatrix} a & e & k & p \\ b & f & l & q \\ c & g & m & r \\ d & h & n & s \end{pmatrix}$$ とおいたとき, 行列 A の行列式 $\det A$ は,

$$\begin{aligned} \det A = & +a \det \begin{pmatrix} f & l & q \\ g & m & r \\ h & n & s \end{pmatrix} - b \det \begin{pmatrix} e & k & p \\ g & m & r \\ h & n & s \end{pmatrix} \\ & +c \det \begin{pmatrix} e & k & p \\ f & l & q \\ h & n & s \end{pmatrix} - d \det \begin{pmatrix} e & k & p \\ f & l & q \\ g & m & r \end{pmatrix} \end{aligned}$$
(定義)

$$
\begin{aligned}
= &-e\det\begin{pmatrix} b & l & q \\ c & m & r \\ d & n & s \end{pmatrix} + f\det\begin{pmatrix} a & k & p \\ c & m & r \\ d & n & s \end{pmatrix} \\
&-g\det\begin{pmatrix} a & k & p \\ b & l & q \\ d & n & s \end{pmatrix} + h\det\begin{pmatrix} a & k & p \\ b & l & q \\ c & m & r \end{pmatrix}
\end{aligned}
$$

(2 列目の展開)

$$
\begin{aligned}
= &+k\det\begin{pmatrix} b & f & q \\ c & g & r \\ d & h & s \end{pmatrix} - l\det\begin{pmatrix} a & e & p \\ c & g & r \\ d & h & s \end{pmatrix} \\
&+m\det\begin{pmatrix} a & e & p \\ b & f & q \\ d & h & s \end{pmatrix} - n\det\begin{pmatrix} a & e & p \\ b & f & q \\ c & g & r \end{pmatrix}
\end{aligned}
$$

(3 列目の展開)

$$
\begin{aligned}
= &-p\det\begin{pmatrix} b & f & l \\ c & g & m \\ d & h & n \end{pmatrix} + q\det\begin{pmatrix} a & e & k \\ c & g & m \\ d & h & n \end{pmatrix} \\
&-r\det\begin{pmatrix} a & e & k \\ b & f & l \\ d & h & n \end{pmatrix} + s\det\begin{pmatrix} a & e & k \\ b & f & l \\ c & g & m \end{pmatrix}
\end{aligned}
$$

(4 列目の展開)

と表されます(符号を意識するために,最初の項にも + を付けました).

このように,行列式はすべての列で展開することができます.

定義 9.3 行列式の j 列目での展開

性質 9.1(性質 9.2)において,行列式 $\det A$ を,

$$\det A = a_{1j} \cdot A_{1j} + a_{2j} \cdot A_{2j} + \cdots + a_{nj} \cdot A_{nj}$$

と計算することを,行列式 $\det A$ を **j 列目で展開する**といいます.

🌿 余因子の別な表現

本書では,文字で表現された行列 A の (i, j) 成分が t のときに,A の (i, j) 余因子 A_{ij} のことを A_t で表すことについては,すでに 5 章で述べました.繰り返しになるかもしれませんが,再び触れておきます.

たとえば,$A = \begin{pmatrix} a & e & k & p \\ b & f & l & q \\ c & g & m & r \\ d & h & n & s \end{pmatrix}$ のとき,

$$A_a = (-1)^{1+1} \det \begin{pmatrix} f & l & q \\ g & m & r \\ h & n & s \end{pmatrix} = \det \begin{pmatrix} f & l & q \\ g & m & r \\ h & n & s \end{pmatrix}$$

$$A_b = (-1)^{2+1} \det \begin{pmatrix} e & k & p \\ g & m & r \\ h & n & s \end{pmatrix} = -\det \begin{pmatrix} e & k & p \\ g & m & r \\ h & n & s \end{pmatrix}$$

以下 $(-1)^{i+j}$ の計算の項は省略して,

$$A_c = \det \begin{pmatrix} e & k & p \\ f & l & q \\ h & n & s \end{pmatrix}, A_d = -\det \begin{pmatrix} e & k & p \\ f & l & q \\ g & m & r \end{pmatrix},$$

$$A_e = -\det \begin{pmatrix} b & l & q \\ c & m & r \\ d & n & s \end{pmatrix}, \cdots\cdots$$

これを用いると，1列目，…の展開は以下のようになります．

性質9.4 **3次，4次行列の列の展開の別表現**

$A = \begin{pmatrix} a & d & g \\ b & e & h \\ c & f & k \end{pmatrix}$ について，

$$\det A = aA_a + bA_b + cA_c \quad \text{（定義）}$$
$$= dA_d + eA_e + fA_f \quad \text{（2列目の展開）}$$
$$= gA_g + hA_h + kA_k \quad \text{（3列目の展開）}$$

$A = \begin{pmatrix} a & e & k & p \\ b & f & l & q \\ c & g & m & r \\ d & h & n & s \end{pmatrix}$ について，

$$\det A = aA_a + bA_b + cA_c + dA_d \quad \text{（定義）}$$
$$= eA_e + fA_f + gA_g + hA_h \quad \text{（2列目の展開）}$$
$$= kA_k + lA_l + mA_m + nA_n \quad \text{（3列目の展開）}$$
$$= pA_p + qA_q + rA_r + sA_s \quad \text{（4列目の展開）}$$

性質 9.1 の 3×3 行列と 4×4 行列の場合での証明

[証明]

I. 3×3 行列の行列式の場合

3×3 行列 A を $A = \begin{pmatrix} a & d & g \\ b & e & h \\ c & f & k \end{pmatrix}$ とおいたとき,定義より,

$$\det A = aA_a + bA_b + cA_c$$

が成り立ちます.

さて,ここで行列 A の 1 列目と 2 列目を入れ替えた行列を行列 B とおくと,

$$B = \begin{pmatrix} d & a & g \\ e & b & h \\ f & c & k \end{pmatrix}$$

となります.行列 B の行列式 $\det B$ は,「入れ替えた行列の行列式」の性質から

$$\det B = -\det A \quad \cdots (*)$$

となります.また,行列式 $\det B$ は,

$$\det B = \det \begin{pmatrix} d & a & g \\ e & b & h \\ f & c & k \end{pmatrix}$$
$$= d \det \begin{pmatrix} b & h \\ c & k \end{pmatrix} - e \det \begin{pmatrix} a & g \\ c & k \end{pmatrix} + f \det \begin{pmatrix} a & g \\ b & h \end{pmatrix}$$

ここで,3 つの小行列を元の A の中で見ると,

$$= -dA_d - eA_e - fA_f$$

この式と（∗）から，

$$\det A = -\det B$$
$$= -(-dA_d - eA_e - fA_f)$$
$$= dA_d + eA_e + fA_f$$

が成り立ちます．

こうして，行列式の 2 列目の展開の式が出てきました．この式は 1 列目で展開した行列式の値と変わりません．

また 2 列目の展開の計算と同じようにして，3 列目で展開する計算式を示すことができます．

Ⅱ．4×4 行列の行列式の場合

行列 A を $A = \begin{pmatrix} a & e & k & p \\ b & f & l & q \\ c & g & m & r \\ d & h & n & s \end{pmatrix}$ とします．行列 A の行列式を 4 列目で展開してみましょう（一番面倒そうな例でやりますが，ほかの列も同じようにできます）．

そのために，4 列目を 1 列目に移動しますが，あとのことを考え，左から 4 列目，1 列目，2 列目，3 列目と並ぶように移動します．すなわち，（4 列目と 3 列目の入れ替え）→（3 列目と 2 列目の入れ替え）→（2 列目と 1 列目の入れ替え）の順で入れ替えていきます．

$$\begin{pmatrix} a & e & k & p \\ b & f & l & q \\ c & g & m & r \\ d & h & n & s \end{pmatrix} \Rightarrow \begin{pmatrix} a & e & p & k \\ b & f & q & l \\ c & g & r & m \\ d & h & s & n \end{pmatrix} \Rightarrow \begin{pmatrix} a & p & e & k \\ b & q & f & l \\ c & r & g & m \\ d & s & h & n \end{pmatrix} \Rightarrow \begin{pmatrix} p & a & e & k \\ q & b & f & l \\ r & c & g & m \\ s & d & h & n \end{pmatrix}$$

つまり，$\{(AD_{34})D_{23}\}D_{12} = \begin{pmatrix} p & a & e & k \\ q & b & f & l \\ r & c & g & m \\ s & d & h & n \end{pmatrix}$ ということです．

この行列式を考えると，

$$\det[\{(AD_{34})D_{23}\}D_{12}] = \det \begin{pmatrix} p & a & e & k \\ q & b & f & l \\ r & c & g & m \\ s & d & h & n \end{pmatrix} \cdots\cdots (\triangle)$$

($\triangle$) の左辺 =

$$\det[\{(AD_{34})D_{23}\}D_{12}] = (\det A)(\det D_{34})(\det D_{23})(\det D_{12})$$
$$= (\det A)(-1)(-1)(-1) = -\det A \cdots\cdots (\diamondsuit)$$

($\triangle$) の右辺 $= \det \begin{pmatrix} p & a & e & k \\ q & b & f & l \\ r & c & g & m \\ s & d & h & n \end{pmatrix}$

$$= p \det \begin{pmatrix} b & f & l \\ c & g & m \\ d & h & n \end{pmatrix} - q \det \begin{pmatrix} a & e & k \\ c & g & m \\ d & h & n \end{pmatrix} + r \det \begin{pmatrix} a & e & k \\ b & f & l \\ d & h & n \end{pmatrix} - s \det \begin{pmatrix} a & e & k \\ b & f & l \\ c & g & m \end{pmatrix}$$

この最後の式の 4 つの行列式を元の A の中の余因子で表すと，

$$= (-1)^{1+4} p A_p - (-1)^{2+4} q A_q + (-1)^{3+4} r A_r - (-1)^{4+4} s A_s$$
$$= -p A_p - q A_q - r A_r - s A_s$$

これが（◇）と等しいことから

$$-\det A = -p A_p - q A_q - r A_r - s A_s$$
$$\therefore \quad \det A = p A_p + q A_q + r A_r + s A_s$$

こうして，4列目の展開の式が出ました．

□

また上の例と同じようにして，行列式を2列目もしくは3列目で展開しても，1列目で展開した行列式の値と変わらないことも確かめられます．

5×5 行列以上の行列式についても，どの列で展開しても行列式の値が変わらないことが今と同じ議論で成り立つことを示せます．

9.2 行列式の行展開

また行列式の行での展開においても，以下の性質が成り立つことがいえます．

性質9.5 **行列式の行での展開**

$n \times n$ 行列を A とおいたとき，行列 A の行列式 $\det A$ は，
$\det A = a_{i1} \cdot A_{i1} + a_{i2} \cdot A_{i2} + \cdots + a_{in} \cdot A_{in}$ となります．
（ただし，$i = 1, 2, \cdots, n$）

定義 9.6　行列式の i 行目での展開

上のように，行列式 $\det A$ を，

$$\det A = a_{i1} \cdot A_{i1} + a_{i2} \cdot A_{i2} + \cdots + a_{in} \cdot A_{in}$$

と計算することを，行列式 $\det A$ を i 行目で展開するといいます．

上の性質を 3×3 行列，4×4 行列の場合に表し直すと，以下のようになります．

性質 9.7　3次，4次正方行列の行列式の行での展開

Ⅰ．3×3 行列の行列式の場合

3×3 行列 A を $A = \begin{pmatrix} a & d & g \\ b & e & h \\ c & f & k \end{pmatrix}$ とおいたとき，行列 A の行列式 $\det A$ は，

$$\det A = a \det \begin{pmatrix} e & h \\ f & k \end{pmatrix} - d \det \begin{pmatrix} b & h \\ c & k \end{pmatrix} + g \det \begin{pmatrix} b & e \\ c & f \end{pmatrix} \quad \text{(1 行目の展開)}$$

$$\det A = -b \det \begin{pmatrix} d & g \\ f & k \end{pmatrix} + e \det \begin{pmatrix} a & g \\ c & k \end{pmatrix} - h \det \begin{pmatrix} a & d \\ c & f \end{pmatrix} \quad \text{(2 行目の展開)}$$

$$\det A = c \det \begin{pmatrix} d & g \\ e & h \end{pmatrix} - f \det \begin{pmatrix} a & g \\ b & h \end{pmatrix} + k \det \begin{pmatrix} a & d \\ b & e \end{pmatrix} \quad \text{(3 行目の展開)}$$

となります．これは以下のように表すこともできます．

$$\det A = aA_a + dA_d + gA_g \quad \text{(1 行目の展開)}$$
$$= bA_b + eA_e + hA_h \quad \text{(2 行目の展開)}$$
$$= cA_c + fA_f + kA_k \quad \text{(3 行目の展開)}$$

Ⅱ. 4×4 行列の行列式の場合

4×4 行列 A を $A = \begin{pmatrix} a & e & k & p \\ b & f & l & q \\ c & g & m & r \\ d & h & n & s \end{pmatrix}$ とおいたとき,行列 A の

行列式 $\det A$ は,

$$\begin{aligned} \det A &= aA_a + eA_e + kA_k + pA_p & \text{(1 行目の展開)} \\ &= bA_b + fA_f + lA_l + qA_q & \text{(2 行目の展開)} \\ &= cA_c + gA_g + mA_m + rA_r & \text{(3 行目の展開)} \\ &= dA_d + hA_h + nA_n + sA_s & \text{(4 行目の展開)} \end{aligned}$$

となります.

このように,行列式の展開ができるのは 1 行目に限ったことではなく,2 行目以降でも展開することができます.

4×4 行列式の行での展開例の説明

性質 9.7 が成り立つことを確かめるために,ここで 4×4 行列の 3 行目で展開した場合について証明しましょう.少し前に示した 3 列目の展開の結果を用います.

このやり方は,3 行目以外でも,一般の $n \times n$ 行列の場合にもすぐ広げることができます.

[証明]

$A = \begin{pmatrix} a & e & k & p \\ b & f & l & q \\ c & g & m & r \\ d & h & n & s \end{pmatrix}$ とおいたとき, ${}^tA = \begin{pmatrix} a & b & c & d \\ e & f & g & h \\ k & l & m & n \\ p & q & r & s \end{pmatrix}$ となります.

行列の 3 列目の展開は，すぐ前の性質で見てあります（性質 9.2）．

行列 A の転置行列 ${}^t A$ の 3 列目の展開を，文字の位置に注意して書き出していくと，次の式になります．

$$\det {}^t A = c \cdot A_c + g \cdot A_g + m \cdot A_m + r \cdot A_r$$

よって，6 章の「転置行列の行列式は元の行列の行列式に等しい」の性質によって，次の式が成り立ちます．

$$\det A = \det {}^t A = c \cdot A_c + g \cdot A_g + m \cdot A_m + r \cdot A_r$$

この式は，行列の 3 行目の展開にほかなりません．

□

したがって，今までのことをまとめると以下のようになります．

性質 9.8　行列式の展開（まとめ）

$n \times n$ 行列の行列式はどの列（行）で展開しても求められる値は等しく，その値はその列（行）の各成分とその列（行）の各成分に対応する余因子との積をすべて足し合わせて計算できます．

列を i 列に固定したとき，この計算は，i 列を成分とするベクトルとそれに対応する余因子のベクトルの内積と考えることができます．

例 9.9　行列式の列での展開の深い意味

3×3 行列 A を $A = \begin{pmatrix} a & d & g \\ b & e & h \\ c & f & k \end{pmatrix}$ とおきます．このとき，列の展開に関して，次の式が出ました（性質 9.1, 9.2）．

$$\det A = aA_a + bA_b + cA_c \qquad \text{(定義)}$$
$$= dA_d + eA_e + fA_f \qquad \text{(2 列目の展開)}$$
$$= gA_g + hA_h + kA_k \qquad \text{(3 列目の展開)}$$

これらの式は，縦ベクトルと横ベクトルを同一視して考えると，列ベクトルとそれに対応する余因子を並べたベクトルの内積の式と考えることもできます．

すなわち，定義の式は，以下のように考えることができます．

$$\det A = aA_a + bA_b + cA_c = (a,b,c) \cdot \begin{pmatrix} A_a \\ A_b \\ A_c \end{pmatrix}$$
$$= \begin{pmatrix} a \\ b \\ c \end{pmatrix} \cdot (A_a, A_b, A_c) \,\text{(とみなします．)}$$

同様に考えると，2 列目と 3 列目の展開は，以下のようになります．

$$\det A = dA_d + eA_e + fA_f = \begin{pmatrix} d \\ e \\ f \end{pmatrix} \cdot (A_d, A_e, A_f)$$
$$\det A = gA_g + hA_h + kA_k = \begin{pmatrix} g \\ h \\ k \end{pmatrix} \cdot (A_g, A_h, A_k)$$

4×4 行列でも同じように，行列の列ベクトルと，それに対応する余因子を並べたベクトルの内積で行列式が計算されています．このことは，一般の $n \times n$ 行列でも成り立っています．

9.2 行列式の行展開

いま，3 × 3 行列の列展開の式には，3 つの列ベクトルとそれに対応する 3 つの余因子ベクトルが登場しました．このとき，それらのベクトルの組み合わせを変えたらどうなるでしょうか．

列ベクトル 3 個と余因子ベクトル 3 個の組み合わせは，全部で 9 通りありますが，そのうちの 3 通りは列展開の式でしたから，あと残り 6 通りの内積があります．結論から先に言うと，行列の列展開の式以外の内積の式はすべて 0 となります．3 つだけ具体的な式を見ていきます．

$\begin{pmatrix} d \\ e \\ f \end{pmatrix} \cdot (A_a, A_b, A_c) = dA_a + eA_b + fA_c$ の式において $A_a, A_b,$ A_c を定義に戻すと，今の内積は以下のようになります．

$$d \det \begin{pmatrix} e & h \\ f & k \end{pmatrix} - e \det \begin{pmatrix} d & g \\ f & k \end{pmatrix} + f \det \begin{pmatrix} d & g \\ e & h \end{pmatrix}$$

さらにこの式は，$\det \begin{pmatrix} d & d & g \\ e & e & h \\ f & f & k \end{pmatrix}$ を 1 列目で展開した式に他なりません．

さらに，この行列式は 1 列目と 2 列目が同じ列ベクトルですから，0 となります（性質 8.14）．

よって，$\begin{pmatrix} d \\ e \\ f \end{pmatrix} \cdot (A_a, A_b, A_c) = 0$ です．

次に，$\begin{pmatrix} a \\ b \\ c \end{pmatrix} \cdot (A_g, A_h, A_k) = aA_g + bA_h + cA_k$ を計算してみましょう．

この式は 1 列目で展開されたと考えて定義に戻すと，

$$aA_g + bA_h + cA_k = a\det\begin{pmatrix} b & e \\ c & f \end{pmatrix} - b\det\begin{pmatrix} a & d \\ c & f \end{pmatrix} + c\det\begin{pmatrix} a & d \\ b & c \end{pmatrix}$$

$$= \begin{pmatrix} a & a & d \\ b & b & e \\ c & c & f \end{pmatrix}$$

ですから，やはり，同じ列ベクトルが 2 つありますので，0 となります．

もう 1 つ，$\begin{pmatrix} d \\ e \\ f \end{pmatrix} \cdot (A_g, A_h, A_k) = dA_g + eA_h + fA_k =$

$\det\begin{pmatrix} a & d & d \\ b & e & e \\ c & f & f \end{pmatrix}$ は，3 列目の展開と考えて復元したものです．これも同じ列ベクトルが 2 つありますので，0 となります．

これらの 3 つの例は，ある列ベクトルの余因子のベクトル（最後の例では 3 列目）に対して元の列ベクトルと違う列ベクトル（最後の例では 2 列目）を内積した形です．最後の例の内積は，行列式を 3 列目で展開したもので，その 3 列目の列ベクトルのところに，違う 2 列目のベクトルをはめ込むわけですから，行列式としては 2 列目と 3 列目が一致してしまい，0 になるのです（ここで符号はあまり気にしないでよいです）．

このことから，一般の $n \times n$ 行列でも同じことが起こることは理解できるでしょう．

性質 9.10

$n \times n$ 行列の行列式の展開において，行列のある列（行）ベ

クトルと異なる列（行）ベクトルに対応する余因子ベクトルとの内積は 0 になります．

🍀 余因子行列

さて，本書の目的の 1 つである行列式と逆行列の関係を述べるところまであともう少しのところまできました．逆行列の求め方に到達するまであと一歩です．

ここで逆行列の求め方について学ぶ前に，定義を 1 つしておきましょう．

定義 9.11　余因子行列

$n \times n$ 行列 A における第 (i, j) 余因子 A_{ij} を，それぞれ (j, i) 成分に並べた行列を行列 A の**余因子行列**といい，$\tilde{A}$ と表します．

例 9.12　余因子行列の具体例

ここでは，定義 9.11 で定義した余因子行列が 3×3 行列と 4×4 行列の場合にどうなるか見ていきましょう．

I. 3×3 行列の場合

行列 A の余因子行列 $\tilde{A}$ は，

$$\tilde{A} = \begin{pmatrix} A_{11} & A_{21} & A_{31} \\ A_{12} & A_{22} & A_{32} \\ A_{13} & A_{23} & A_{33} \end{pmatrix}$$

この行列は ${}^t\begin{pmatrix} A_{11} & A_{12} & A_{13} \\ A_{21} & A_{22} & A_{23} \\ A_{31} & A_{32} & A_{33} \end{pmatrix}$ となります．（余因子行列の成分の添え字で間違う方多数！）

Ⅱ. 4×4 行列の場合

行列 A の余因子行列 $\tilde{A}$ は,

$$\tilde{A} = \begin{pmatrix} A_{11} & A_{21} & A_{31} & A_{41} \\ A_{12} & A_{22} & A_{32} & A_{42} \\ A_{13} & A_{23} & A_{33} & A_{43} \\ A_{14} & A_{24} & A_{34} & A_{44} \end{pmatrix}$$

これも $\tilde{A} = {}^t\!\begin{pmatrix} A_{11} & A_{12} & A_{13} & A_{14} \\ A_{21} & A_{22} & A_{23} & A_{24} \\ A_{31} & A_{32} & A_{33} & A_{34} \\ A_{41} & A_{42} & A_{43} & A_{44} \end{pmatrix}$ となります.（余因子行列の成分の添え字に注意しましょう.）

上のⅠ. Ⅱ. ではそれぞれ 3×3 行列，4×4 行列の場合について見てきましたが，5×5 行列以上の余因子行列についてもⅠ. Ⅱ. と同じようにして求めることができます.

応用の点からあまり取り上げませんが，2×2 行列の場合でも余因子行列を定義できます.

$A = \begin{pmatrix} a & c \\ b & d \end{pmatrix}$ に対して，$\tilde{A} = \begin{pmatrix} d & -c \\ -b & a \end{pmatrix}$ がそれにあたります.

9 章の問題

1. 次の行列の余因子行列を求めなさい.

1. $\begin{pmatrix} 1 & 2 & 3 \\ 4 & 5 & 6 \\ 7 & 8 & 9 \end{pmatrix}$ 2. $\begin{pmatrix} 1 & 2 & 4 \\ -2 & 3 & 1 \\ 0 & -1 & 3 \end{pmatrix}$ 3. $\begin{pmatrix} 3 & -2 & -1 \\ 2 & -5 & 6 \\ 1 & 4 & 3 \end{pmatrix}$ 4. $\begin{pmatrix} 2 & -1 & 5 \\ 3 & 5 & 2 \\ 1 & 4 & -1 \end{pmatrix}$

第10章

逆行列の求め方と連立方程式への利用

　この章ではいよいよ，前章で学んだ行列式の展開を用いて，$n \times n$ 行列の逆行列を求める作業をします．

　前章で，正方行列の各列（行）に関して，展開公式が作れ，その展開公式は，行列の列（行）ベクトルとその各成分に対応する余因子の作るベクトルの内積の形になっていることを見ました．また，列ベクトルと余因子のベクトルの組み合わせを変えると内積が0になることもわかりました．この2つの事実がわかった時点で逆行列への道がほとんど完成したのです．

　この章では，それらのことを利用して逆行列の計算の仕上げをしたいと思います．

10.1　逆行列の計算

🌱 逆行列の求め方

さて，ここで行列 A と前章で定義した余因子行列 $\tilde{A}$ を掛けてみます．

例 10.1　**行列とその余因子行列との積**

ここでは 3×3 行列の場合について見ていくことにします．

$$A = \begin{pmatrix} a & d & g \\ b & e & h \\ c & f & k \end{pmatrix}$$

とおいたとき，行列 A の余因子行列 $\tilde{A}$ を

$$\tilde{A} = \begin{pmatrix} A_a & A_b & A_c \\ A_d & A_e & A_f \\ A_g & A_h & A_k \end{pmatrix}$$

とおきましょう．

このとき余因子行列 $\tilde{A}$ と行列 A との積 $\tilde{A}A$ は，

$$\tilde{A}A = \begin{pmatrix} A_a & A_b & A_c \\ A_d & A_e & A_f \\ A_g & A_h & A_k \end{pmatrix} \begin{pmatrix} a & d & g \\ b & e & h \\ c & f & k \end{pmatrix}$$

$$= \begin{pmatrix} aA_a + bA_b + cA_c & dA_a + eA_b + fA_c & gA_a + hA_b + kA_c \\ aA_d + bA_e + cA_f & dA_d + eA_e + fA_f & gA_d + hA_e + kA_f \\ aA_g + bA_h + cA_k & dA_g + eA_h + fA_k & gA_g + hA_h + kA_k \end{pmatrix}$$

となります．ここで前章の計算より，

$$\begin{cases} aA_a + bA_b + cA_c = \det A \\ dA_d + eA_e + fA_f = \det A \\ gA_g + hA_h + kA_k = \det A \end{cases}$$

がそれぞれ成り立ち，これ以外の列ベクトルと余因子のベクトルの内積が 0 となることが性質 9.10 で示されています．

したがって，上の右辺の行列は，

$$= \begin{pmatrix} aA_a + bA_b + cA_c & dA_a + eA_b + fA_c & gA_a + hA_b + kA_c \\ aA_d + bA_e + cA_f & dA_d + eA_e + fA_f & gA_d + hA_e + kA_f \\ aA_g + bA_h + cA_k & dA_g + eA_h + fA_k & gA_g + hA_h + kA_k \end{pmatrix}$$

$$= \begin{pmatrix} \det A & 0 & 0 \\ 0 & \det A & 0 \\ 0 & 0 & \det A \end{pmatrix}$$

$$= (\det A)\, E$$

となります．

したがって，行列 $\tilde{A}A$ は単位行列 E の定数 $\det A$ 倍になることがわかります．

また，行列 A と余因子行列 $\tilde{A}$ との積 $A\tilde{A}$ は，

$$A\tilde{A} = \begin{pmatrix} a & d & g \\ b & e & h \\ c & f & k \end{pmatrix} \begin{pmatrix} A_a & A_b & A_c \\ A_d & A_e & A_f \\ A_g & A_h & A_k \end{pmatrix}$$

$$= \begin{pmatrix} aA_a + dA_d + gA_g & aA_b + dA_e + gA_h & aA_c + dA_f + gA_k \\ bA_a + eA_d + hA_g & bA_b + eA_e + hA_h & bA_c + eA_f + hA_k \\ cA_a + fA_d + kA_g & cA_b + fA_e + kA_h & cA_c + fA_f + kA_k \end{pmatrix}$$

となります．ここで前章の行列式の行での展開より，

$$\begin{cases} aA_a + dA_d + gA_g = \det A \\ bA_b + eA_e + hA_h = \det A \\ cA_c + fA_f + kA_k = \det A \end{cases}$$

がそれぞれ成り立ちます.

また,行列の行ベクトルとそれに対応する余因子ベクトルは,上の組み合わせ以外の組み合わせでの内積はすべて 0 になることも見ました.

よって,$A\tilde{A}$ の左辺の計算は次のように続けることができます.

$$= \begin{pmatrix} aA_a + dA_d + gA_g & aA_b + dA_e + gA_h & aA_c + dA_f + gA_k \\ bA_a + eA_d + hA_g & bA_b + eA_e + hA_h & bA_c + eA_f + hA_k \\ cA_a + fA_d + kA_g & cA_b + fA_e + kA_h & cA_c + fA_f + kA_k \end{pmatrix}$$

$$= \begin{pmatrix} \det A & 0 & 0 \\ 0 & \det A & 0 \\ 0 & 0 & \det A \end{pmatrix}$$

$$= (\det A)\, E$$

ゆえに,$A\tilde{A}$ は,E の $(\det A)$ 倍になることがわかります.

これより,行列 A と余因子行列 $\tilde{A}$ との積において,

$$\tilde{A}A = A\tilde{A} = (\det A)E \quad \cdots\cdots (\blacktriangle)$$

が成り立ちます.

$\det A \neq 0$ の条件のもとで,($\blacktriangle$) の両辺を $\det A$ で割ると,

$$\left(\frac{1}{\det A}\tilde{A}\right)A = A\left(\frac{1}{\det A}\tilde{A}\right) = E$$

が成り立ちます.

ここでは，3×3 行列の場合において見ていきましたが，この等式は $n \times n$ 正方行列（2以上のすべての自然数 n）についても同じように示すことができます．

したがって，以下のことがいえます．

定理 10.2 $n \times n$ **行列の逆行列の求め方**

$n \times n$ 行列 A の行列式 $\det A$ について，$\det A \neq 0$ が成り立つとき，余因子行列を $\tilde{A}$ を用いて，行列 A の逆行列 A^{-1} は，以下のように表されます．

$$A^{-1} = \left(\frac{1}{\det A}\right) \tilde{A}$$

なお，$\det A = 0$ のときには A の逆行列が存在しないことは，すぐあとで示します．

この定理の $n = 2$ のときは，すでに性質 4.10 で以下のように示しました．

> 2×2 行列 A を $A = \begin{pmatrix} a & c \\ b & d \end{pmatrix}$ とし，$ad - bc \neq 0$ とします．このとき，行列 A の逆行列 A^{-1} は，$A^{-1} = \dfrac{1}{ad - bc} \begin{pmatrix} d & -c \\ -b & a \end{pmatrix}$．

この式は次のように解釈できます．というより，この式を一般化して逆行列の公式を案出したと考えられます．

まず，$ad - bc$ が $\det A$ になり，$A_a = (-1)^{1+1} \det(d) = d$ です．

2番目の式の意味は，a を含む行（1行目）と列（1列目）を除いた 1×1 行列 (d) の行列式 $\det(d)$（この行列式は d）に1行1列の符号を付けたものです．

同様に，$A_b = (-1)^{2+1}\det(c) = -c$, $A_c = (-1)^{1+2}\det(b) = -b$, $A_d = (-1)^{2+2}\det(a) = a$ と計算したうえで，以下のようになります．

$$A^{-1} = \frac{1}{\det A}\begin{pmatrix} A_a & A_b \\ A_c & A_d \end{pmatrix} = \frac{1}{ad-bc}\begin{pmatrix} d & -c \\ -b & a \end{pmatrix}$$ （A_b と A_c の位置に注意！）

Ⅰ．3×3 行列の逆行列

定理 10.2 より，行列 $A = \begin{pmatrix} a & d & g \\ b & e & h \\ c & f & k \end{pmatrix}$ の逆行列 A^{-1} は，

$$A^{-1} = \frac{1}{\det A}\tilde{A}$$

と表せます．ここで行列 $\tilde{A}$ は行列 A の余因子行列であるので，

$$\tilde{A} = \begin{pmatrix} A_a & A_b & A_c \\ A_d & A_e & A_f \\ A_g & A_h & A_k \end{pmatrix} \quad \left(\text{これは} \ {}^t\begin{pmatrix} A_a & A_d & A_g \\ A_b & A_e & A_h \\ A_c & A_f & A_k \end{pmatrix} \text{に注意！}\right)$$

が成り立ちます．よって行列 A の余因子を用いて表すと逆行列 A^{-1} は，

$$A^{-1} = \frac{1}{\det A}\begin{pmatrix} A_a & A_b & A_c \\ A_d & A_e & A_f \\ A_g & A_h & A_k \end{pmatrix}$$

となります．

Ⅱ．4×4 行列の逆行列

定理 10.2 より，行列 A の逆行列 A^{-1} は，

$$A^{-1} = \frac{1}{\det A} \tilde{A}$$

と表せます．ここで行列 $\tilde{A}$ は行列 A の余因子行列であるので，

$$\tilde{A} = \begin{pmatrix} A_{11} & A_{21} & A_{31} & A_{41} \\ A_{12} & A_{22} & A_{32} & A_{42} \\ A_{13} & A_{23} & A_{33} & A_{43} \\ A_{14} & A_{24} & A_{34} & A_{44} \end{pmatrix}$$

が成り立ちます．よって行列 A の余因子を用いて表すと逆行列 A^{-1} は，

$$A^{-1} = \frac{1}{\det A} \begin{pmatrix} A_{11} & A_{21} & A_{31} & A_{41} \\ A_{12} & A_{22} & A_{32} & A_{42} \\ A_{13} & A_{23} & A_{33} & A_{43} \\ A_{14} & A_{24} & A_{34} & A_{44} \end{pmatrix}$$

となることがわかります．

以上の I，II より，行列 A の余因子を用いて逆行列 A^{-1} を求める際，3×3 行列の逆行列で 9 個の余因子，4×4 行列の逆行列で 16 個の余因子をそれぞれ求めなくてはならないことがわかります．

本書では，逆行列の計算を煩雑にならない範囲に留めるために，3×3 行列の逆行列を実際に求めていくことにしましょう．

実は，定理 10.2 に関連して次のことも示せます．

定理 10.3

$n \times n$ 行列 A の行列式 $\det A$ について，$\det A = 0$ が成り立つときには逆行列は存在しない．

[証明]

背理法で示します．A が $\det A = 0$ であって，その A に逆行列 A^{-1} が存在したとしましょう．このとき，以下の式が成り立ちます．

$$AA^{-1} = E$$

この両辺の行列式をとりますと，

$$\det(AA^{-1}) = \det E$$

ここで，$\det E = 1$ と「積の行列式」の定理により，式は次のように変形されます．

$$\det A \times \det(A^{-1}) = \det E = 1$$

$$\therefore \quad 0 \times \det(A^{-1}) = 1$$

0に何を掛けても1にはならないので，これは矛盾です． □

例10.4 3×3 行列の逆行列の具体的計算

ここでは，3×3 行列について，逆行列をもつかどうか判定し，逆行列が存在すれば，逆行列を計算しましょう．

行列式の計算だけでしたら，簡単に計算する方法を用います．しかし，逆行列を続けて求めることがわかっている場合には，計算しやすい列または行の小行列式を先に出してから計算するほうが，手間が省けます．

I. 3×3 行列 $A = \begin{pmatrix} 3 & 1 & 2 \\ 0 & 1 & 0 \\ 4 & 1 & 3 \end{pmatrix}$ の逆行列を求めましょう．

2行目に0が2つも入っていますから，2行目で行列式を計算します．まず，

$$A_{22} = (-1)^{2+2} \det \Delta_{22} = \det \begin{pmatrix} 3 & 2 \\ 4 & 3 \end{pmatrix}$$

$$= 3 \times 3 - 4 \times 2 = 1$$

をだして,

$$\det A = 0 \cdot A_{21} + 1 \cdot A_{22} + 0 \cdot A_{23} = 1 \neq 0$$

このことから, A には, 逆行列 A^{-1} があることがわかります. 次に, 各余因子を求めます (なお, A_{22} はすでに計算してあります).

$$\begin{aligned} A_{11} &= (-1)^{1+1} \det \Delta_{11} \\ &= \det \begin{pmatrix} 1 & 0 \\ 1 & 3 \end{pmatrix} \\ &= 1 \times 3 - 1 \times 0 = 3 \end{aligned} \qquad \begin{aligned} A_{21} &= (-1)^{2+1} \det \Delta_{21} \\ &= -\det \begin{pmatrix} 1 & 2 \\ 1 & 3 \end{pmatrix} \\ &= -(1 \times 3 - 1 \times 2) = -1 \end{aligned}$$

$$\begin{aligned} A_{31} &= (-1)^{3+1} \det \Delta_{31} \\ &= \det \begin{pmatrix} 1 & 2 \\ 1 & 0 \end{pmatrix} \\ &= 1 \times 0 - 1 \times 2 = -2 \end{aligned} \qquad \begin{aligned} A_{12} &= (-1)^{1+2} \det \Delta_{12} \\ &= -\det \begin{pmatrix} 0 & 0 \\ 4 & 3 \end{pmatrix} \\ &= -(0 \times 3 - 4 \times 0) = 0 \end{aligned}$$

$$\begin{aligned} A_{32} &= (-1)^{3+2} \det \Delta_{32} \\ &= -\det \begin{pmatrix} 3 & 2 \\ 0 & 0 \end{pmatrix} \\ &= -(3 \times 0 - 0 \times 2) = 0 \end{aligned} \qquad \begin{aligned} A_{13} &= (-1)^{1+3} \det \Delta_{13} \\ &= \det \begin{pmatrix} 0 & 1 \\ 4 & 1 \end{pmatrix} \\ &= 0 \times 1 - 4 \times 1 = -4 \end{aligned}$$

$$A_{23} = (-1)^{2+3} \det \Delta_{23} \qquad A_{33} = (-1)^{3+3} \det \Delta_{33}$$
$$= -\det \begin{pmatrix} 3 & 1 \\ 4 & 1 \end{pmatrix} \qquad\qquad = \det \begin{pmatrix} 3 & 1 \\ 0 & 1 \end{pmatrix}$$
$$= -(3 \times 1 - 4 \times 1) = 1 \qquad = 3 \times 1 - 0 \times 1 = 3$$

行列 A の逆行列 A^{-1} は，次の式です．

$$A^{-1} = \frac{1}{\det A} \begin{pmatrix} A_{11} & A_{21} & A_{31} \\ A_{12} & A_{22} & A_{32} \\ A_{13} & A_{23} & A_{33} \end{pmatrix}$$

この式に，計算した余因子を代入しますと次のようになります．

$$A^{-1} = \frac{1}{1} \begin{pmatrix} 3 & -1 & -2 \\ 0 & 1 & 0 \\ -4 & 1 & 3 \end{pmatrix} = \begin{pmatrix} 3 & -1 & -2 \\ 0 & 1 & 0 \\ -4 & 1 & 3 \end{pmatrix}$$

II. 3×3 行列 $A = \begin{pmatrix} -2 & -3 & -3 \\ 1 & 1 & 3 \\ -1 & -4 & -4 \end{pmatrix}$ の逆行列を求めましょう．

まず，1 列目の各余因子を計算します．

$$A_{11} = (-1)^{1+1} \det \Delta_{11} \qquad A_{21} = (-1)^{2+1} \det \Delta_{21}$$
$$= \det \begin{pmatrix} 1 & 3 \\ -4 & -4 \end{pmatrix} \qquad\qquad = -\det \begin{pmatrix} -3 & -3 \\ -4 & -4 \end{pmatrix}$$
$$= 1 \times (-4) - (-4) \times 3 \qquad = -\{(-3) \times (-4) - (-4) \times (-3)\}$$
$$= 8 \qquad\qquad\qquad\qquad\qquad = 0$$

$$
\begin{aligned}
A_{31} &= (-1)^{3+1} \det \Delta_{31} \\
&= \det \begin{pmatrix} -3 & -3 \\ 1 & 3 \end{pmatrix} \\
&= (-3) \times 3 - 1 \times (-3) \\
&= -6
\end{aligned}
$$

これから,

$$
\begin{aligned}
\det A &= -2 \times A_{11} + 1 \times A_{21} + (-1) \times A_{31} \\
&= -2 \times 8 + 1 \times 0 + (-1) \times (-6) \\
&= -10 \neq 0
\end{aligned}
$$

よって,逆行列が存在します.

A の逆行列 A^{-1} は,

$$
A^{-1} = \frac{1}{\det A} \begin{pmatrix} A_{11} & A_{21} & A_{31} \\ A_{12} & A_{22} & A_{32} \\ A_{13} & A_{23} & A_{33} \end{pmatrix} \quad \cdots (\#)
$$

次に逆行列 A^{-1} を求める際に必要となる行列 A の余因子 A_{11} 〜 A_{33} をそれぞれ求めましょう.1 列目はすでに求めてあるので,あと 6 個です.

$$
\begin{aligned}
A_{12} &= (-1)^{1+2} \det \Delta_{12} \\
&= -\det \begin{pmatrix} 1 & 3 \\ -1 & -4 \end{pmatrix} \\
&= -\{1 \times (-4) - (-1) \times 3\} \\
&= 1
\end{aligned}
\qquad
\begin{aligned}
A_{22} &= (-1)^{2+2} \det \Delta_{22} \\
&= \det \begin{pmatrix} -2 & -3 \\ -1 & -4 \end{pmatrix} \\
&= (-2) \times (-4) - (-1) \times (-3) \\
&= 5
\end{aligned}
$$

$$A_{32} = (-1)^{3+2} \det \Delta_{32}$$
$$= -\det \begin{pmatrix} -2 & -3 \\ 1 & 3 \end{pmatrix}$$
$$= -\{(-2) \times 3 - 1 \times (-3)\}$$
$$= 3$$

$$A_{13} = (-1)^{1+3} \det \Delta_{13}$$
$$= \det \begin{pmatrix} 1 & 1 \\ -1 & -4 \end{pmatrix}$$
$$= 1 \times (-4) - (-1) \times 1$$
$$= -3$$

$$A_{23} = (-1)^{2+3} \det \Delta_{23}$$
$$= -\det \begin{pmatrix} -2 & -3 \\ -1 & -4 \end{pmatrix}$$
$$= -\{(-2) \times (-4) - (-1) \times (-3)\}$$
$$= -5$$

$$A_{33} = (-1)^{3+3} \det \Delta_{33}$$
$$= \det \begin{pmatrix} -2 & -3 \\ 1 & 1 \end{pmatrix}$$
$$= (-2) \times 1 - 1 \times (-3)$$
$$= 1$$

となるので,以上のことから逆行列 A^{-1} の式 (#) に代入すると,

$$A^{-1} = \frac{1}{-10} \begin{pmatrix} 8 & 0 & -6 \\ 1 & 5 & 3 \\ -3 & -5 & 1 \end{pmatrix} = -\frac{1}{10} \begin{pmatrix} 8 & 0 & -6 \\ 1 & 5 & 3 \\ -3 & -5 & 1 \end{pmatrix}$$

となります.

Ⅲ. 3×3 行列 $A = \begin{pmatrix} 4 & -3 & 5 \\ 7 & -8 & 4 \\ -3 & 5 & 1 \end{pmatrix}$ の逆行列を求めましょう.

例によって,計算が簡単そうな3列目の余因子を求めます.

$$
\begin{aligned}
A_{13} &= (-1)^{1+3} \det \Delta_{13} \\
&= \det \begin{pmatrix} 7 & -8 \\ -3 & 5 \end{pmatrix} \\
&= 7 \times 5 - (-3) \times (-8) \\
&= 11
\end{aligned}
\qquad
\begin{aligned}
A_{23} &= (-1)^{2+3} \det \Delta_{23} \\
&= -\det \begin{pmatrix} 4 & -3 \\ -3 & 5 \end{pmatrix} \\
&= -\{4 \times 5 - (-3) \times (-3)\} \\
&= -11
\end{aligned}
$$

$$
\begin{aligned}
A_{33} &= (-1)^{3+3} \det \Delta_{33} \\
&= \det \begin{pmatrix} 4 & -3 \\ 7 & -8 \end{pmatrix} \\
&= 4 \times (-8) - 7 \times (-3) \\
&= -11
\end{aligned}
$$

よって，A の行列式は 3 列目の展開の式より，

$$
\begin{aligned}
\det A &= 5 \times A_{13} + 4 \times A_{23} + 1 \times A_{33} \\
&= 5 \times 11 + 4 \times (-11) + 1 \times (-11) = 0
\end{aligned}
$$

よって，この式から A には，逆行列がありません．

10.2 連立方程式の解

逆行列と 3 元以上の連立方程式

さて，行列式や行列の便利さが連立方程式を解く際に利いてくるということは本書を通じて何回も述べてきましたが，いよいよここでその便利さ——逆行列を用いて連立方程式を解く——を見ていくことにしましょう．

その前に，行列の行列式と連立方程式の解との関係について述べた性質を紹介しておきます．

性質 10.5

n 元連立方程式が $A\vec{x} = \vec{b}$ と表されているとします．

（ただし行列 A は $n \times n$ 係数行列，$\vec{x}$ は連立方程式の解ベクトル，$\vec{b}$ はベクトル）

このとき，以下の性質が成り立ちます．

- 連立方程式の解が一意的である $\Leftrightarrow$ 行列式 $\det A$ において $\det A \neq 0$ である
- 連立方程式の解が不定もしくは不能 $\Leftrightarrow$ 行列式 $\det A$ において $\det A = 0$ である

2 元連立方程式の解と行列式の関係については，すでに 1 章で述べていますが，この性質では，2 元連立方程式に限らず，3 元以上の連立方程式においても同じような性質が成り立つと主張しています．

例 10.6　行列を用いた連立方程式の解き方

ここでは，3 元連立方程式と 4 元連立方程式を解いてみることにします．

I. 3 元連立方程式 $\begin{cases} 3x + y + 2z = 5 \\ y = 6 \\ 4x + y + 3z = 10 \end{cases}$ を解いてみましょう．

3 元連立方程式 $\begin{cases} 3x + y + 2z = 5 \\ y = 6 \\ 4x + y + 3z = 10 \end{cases}$ を行列で表すと，

$$\begin{pmatrix} 3 & 1 & 2 \\ 0 & 1 & 0 \\ 4 & 1 & 3 \end{pmatrix} \begin{pmatrix} x \\ y \\ z \end{pmatrix} = \begin{pmatrix} 5 \\ 6 \\ 10 \end{pmatrix} \quad \cdots \text{①になります．}$$

ここで $A = \begin{pmatrix} 3 & 1 & 2 \\ 0 & 1 & 0 \\ 4 & 1 & 3 \end{pmatrix}$ とおくと，行列 A の逆行列 A^{-1} は，

例 10.4 の I で $A^{-1} = \begin{pmatrix} 3 & -1 & -2 \\ 0 & 1 & 0 \\ -4 & 1 & 3 \end{pmatrix}$ と求めてありました．行列の等式①に行列 A の逆行列 A^{-1} を両辺に左側から掛けると，

$$\begin{pmatrix} 3 & -1 & -2 \\ 0 & 1 & 0 \\ -4 & 1 & 3 \end{pmatrix} \begin{pmatrix} 3 & 1 & 2 \\ 0 & 1 & 0 \\ 4 & 1 & 3 \end{pmatrix} \begin{pmatrix} x \\ y \\ z \end{pmatrix} = \begin{pmatrix} 3 & -1 & -2 \\ 0 & 1 & 0 \\ -4 & 1 & 3 \end{pmatrix} \begin{pmatrix} 5 \\ 6 \\ 10 \end{pmatrix}$$

$$\begin{pmatrix} 1 & 0 & 0 \\ 0 & 1 & 0 \\ 0 & 0 & 1 \end{pmatrix} \begin{pmatrix} x \\ y \\ z \end{pmatrix} = \begin{pmatrix} 3 \times 5 + (-1) \times 6 + (-2) \times 10 \\ 0 \times 5 + 1 \times 6 + 0 \times 10 \\ (-4) \times 5 + 1 \times 6 + 3 \times 10 \end{pmatrix}$$

$$\begin{pmatrix} x \\ y \\ z \end{pmatrix} = \begin{pmatrix} -11 \\ 6 \\ 16 \end{pmatrix}$$

となり，3元連立方程式の解を求めることができます．

II. 3元連立方程式 $\begin{cases} 2x + 3y + 3z = 6 \\ x + y + 3z = -14 \\ x + 4y + 4z = -2 \end{cases}$ を解いてみましょう．

3元連立方程式 $\begin{cases} 2x+3y+3z = 6 \\ x+\ y+3z = -14 \\ x+4y+4z = -2 \end{cases}$ を行列で表すと,

$$\begin{pmatrix} -2 & -3 & -3 \\ 1 & 1 & 3 \\ -1 & -4 & -4 \end{pmatrix} \begin{pmatrix} x \\ y \\ z \end{pmatrix} = \begin{pmatrix} -6 \\ -14 \\ 2 \end{pmatrix} \quad \cdots ②$$

となります(ただし,連立方程式の一番上と一番下の等式の両辺にそれぞれ -1 を掛けます).

ここで行列 A を $A = \begin{pmatrix} -2 & -3 & -3 \\ 1 & 1 & 3 \\ -1 & -4 & -4 \end{pmatrix}$ とおくと,この行列 A の逆行列 A^{-1} は,$A^{-1} = -\dfrac{1}{10} \begin{pmatrix} 8 & 0 & -6 \\ 1 & 5 & 3 \\ -3 & -5 & 1 \end{pmatrix}$ と,例 10.4 の II ですでに求めてあります.そこで,行列の等式②に行列 A の逆行列 A^{-1} を両辺に左側から掛けると,

$$\dfrac{-1}{10} \begin{pmatrix} 8 & 0 & -6 \\ 1 & 5 & 3 \\ -3 & -5 & 1 \end{pmatrix} \begin{pmatrix} -2 & -3 & -3 \\ 1 & 1 & 3 \\ -1 & -4 & -4 \end{pmatrix} \begin{pmatrix} x \\ y \\ z \end{pmatrix} = \dfrac{-1}{10} \begin{pmatrix} 8 & 0 & -6 \\ 1 & 5 & 3 \\ -3 & -5 & 1 \end{pmatrix} \begin{pmatrix} -6 \\ -14 \\ 2 \end{pmatrix}$$

$$\begin{pmatrix} 1 & 0 & 0 \\ 0 & 1 & 0 \\ 0 & 0 & 1 \end{pmatrix} \begin{pmatrix} x \\ y \\ z \end{pmatrix} = -\dfrac{1}{10} \begin{pmatrix} 8 \times (-6) + 0 \times (-14) + (-6) \times 2 \\ 1 \times (-6) + 5 \times (-14) + 3 \times 2 \\ (-3) \times (-6) + (-5) \times (-14) + 1 \times 2 \end{pmatrix}$$

$$\begin{pmatrix} x \\ y \\ z \end{pmatrix} = \begin{pmatrix} 6 \\ 7 \\ -9 \end{pmatrix}$$

となり,3元連立方程式の解を求めることができます.

Ⅲ. 4元連立方程式 $\begin{cases} x + y - z + w = 1 \\ -x + 2y + 2z - 3w = -1 \\ 3x - 2y - 3z + 2w = 1 \\ x - 2y \phantom{{}- 3z} - 2w = -1 \end{cases}$ を解いてみましょう.

ただし行列 $\begin{pmatrix} 1 & 1 & -1 & 1 \\ -1 & 2 & 2 & -3 \\ 3 & -2 & -3 & 2 \\ 1 & -2 & 0 & -2 \end{pmatrix}$ の逆行列が

$\begin{pmatrix} 14 & -8 & -10 & 9 \\ -1 & 1 & 1 & -1 \\ 20 & -12 & -15 & 13 \\ 8 & -5 & -6 & 5 \end{pmatrix}$ であることはすでにわかっているとします.

ここで, 4元連立方程式 $\begin{cases} x + y - z + w = 1 \\ -x + 2y + 2z - 3w = -1 \\ 3x - 2y - 3z + 2w = 1 \\ x - 2y \phantom{{}- 3z} - 2w = -1 \end{cases}$ を行列で表すと,

$$\begin{pmatrix} 1 & 1 & -1 & 1 \\ -1 & 2 & 2 & -3 \\ 3 & -2 & -3 & 2 \\ 1 & -2 & 0 & -2 \end{pmatrix} \begin{pmatrix} x \\ y \\ z \\ w \end{pmatrix} = \begin{pmatrix} 1 \\ -1 \\ 1 \\ -1 \end{pmatrix} \quad \cdots ③$$

となります. よって, 行列の等式③に 4×4 行列の逆行列を両辺に左側から掛けると (逆行列は各自計算してください),

$$\begin{pmatrix} 14 & -8 & -10 & 9 \\ -1 & 1 & 1 & -1 \\ 20 & -12 & -15 & 13 \\ 8 & -5 & -6 & 5 \end{pmatrix} \begin{pmatrix} 1 & 1 & -1 & 1 \\ -1 & 2 & 2 & -3 \\ 3 & -2 & -3 & 2 \\ 1 & -2 & 0 & -2 \end{pmatrix} \begin{pmatrix} x \\ y \\ z \\ w \end{pmatrix} = \begin{pmatrix} 14 & -8 & -10 & 9 \\ -1 & 1 & 1 & -1 \\ 20 & -12 & -15 & 13 \\ 8 & -5 & -6 & 5 \end{pmatrix} \begin{pmatrix} 1 \\ -1 \\ 1 \\ -1 \end{pmatrix}$$

$$\begin{pmatrix} 1 & 0 & 0 & 0 \\ 0 & 1 & 0 & 0 \\ 0 & 0 & 1 & 0 \\ 0 & 0 & 0 & 1 \end{pmatrix} \begin{pmatrix} x \\ y \\ z \\ w \end{pmatrix} = \begin{pmatrix} 14 \times 1 + (-8) \times (-1) + (-10) \times 1 + 9 \times (-1) \\ (-1) \times 1 + 1 \times (-1) + 1 \times 1 + (-1) \times (-1) \\ 20 \times 1 + (-12) \times (-1) + (-15) \times 1 + 13 \times (-1) \\ 8 \times 1 + (-5) \times (-1) + (-6) \times 1 + 5 \times (-1) \end{pmatrix}$$

$$\begin{pmatrix} x \\ y \\ z \\ w \end{pmatrix} = \begin{pmatrix} 3 \\ 0 \\ 4 \\ 2 \end{pmatrix}$$

となり，4元連立方程式の解を求めることができます．

以上のことから，3元と4元の連立方程式を行列で表し，その係数行列の逆行列を求めることで，その連立方程式の解を求めました．5元以上の連立方程式についても同じようにして，その連立方程式を行列で表したあとに，係数行列の逆行列を求めることができれば，その連立方程式の解を求めることができます．その計算は，少し面倒なので，エクセルを用いて計算することができることを述べておくに留めます．

なお，「**Cramer**の公式」と呼ばれる一見便利そうな公式も，実は本章の結果の系にすぎません．

系 10.7　3×3 の Cramer の公式

3元連立方程式 $\begin{cases} ax + dy + gz = \alpha \\ bx + ey + hz = \beta \\ cx + fy + kz = \gamma \end{cases}$ において，行列 A とベクトル $\vec{x}, \vec{b}$ を

$$A = \begin{pmatrix} a & d & g \\ b & e & h \\ c & f & k \end{pmatrix}, \vec{x} = \begin{pmatrix} x \\ y \\ z \end{pmatrix}, \vec{b} = \begin{pmatrix} \alpha \\ \beta \\ \gamma \end{pmatrix}$$

とおくとき，連立方程式 $A\vec{x} = \vec{b}$ の解は以下のように表されます．

$$x = \frac{1}{\det A} \det \begin{pmatrix} \alpha & d & g \\ \beta & e & h \\ \gamma & f & k \end{pmatrix}, y = \frac{1}{\det A} \det \begin{pmatrix} a & \alpha & g \\ b & \beta & h \\ c & \gamma & k \end{pmatrix},$$

$$z = \frac{1}{\det A} \det \begin{pmatrix} a & d & \alpha \\ b & e & \beta \\ c & f & \gamma \end{pmatrix}$$

ただし $\det A \neq 0$ のときに上の式が成り立ち，$\det A = 0$ のときにはこの式が成り立ちません．

$A = \begin{pmatrix} a & d & g \\ b & e & h \\ c & f & k \end{pmatrix}$ の逆行列は $A^{-1} = \frac{1}{\det A} \begin{pmatrix} A_a & A_b & A_c \\ A_d & A_e & A_f \\ A_g & A_h & A_k \end{pmatrix}$ です

から $\begin{pmatrix} x \\ y \\ z \end{pmatrix} = \frac{1}{\det A} \begin{pmatrix} A_a & A_b & A_c \\ A_d & A_e & A_f \\ A_g & A_h & A_k \end{pmatrix} \begin{pmatrix} \alpha \\ \beta \\ \gamma \end{pmatrix}$ が成り立ちます．

よって，$x = \dfrac{1}{\det A}(A_a\alpha + A_b\beta + A_c\gamma)$ となります．この余因子を書き直すと，

$$x = \dfrac{\det\begin{pmatrix} e & h \\ f & k \end{pmatrix}\alpha - \det\begin{pmatrix} d & g \\ f & k \end{pmatrix}\beta + \det\begin{pmatrix} d & g \\ e & h \end{pmatrix}\gamma}{\det A}$$

この分子は，次の 3×3 行列の行列式に他なりません．

$$x = \dfrac{\det\begin{pmatrix} \alpha & d & g \\ \beta & e & h \\ \gamma & f & k \end{pmatrix}}{\det A}$$

同様の計算で，$y = \dfrac{\det\begin{pmatrix} a & \alpha & g \\ b & \beta & h \\ c & \gamma & k \end{pmatrix}}{\det A}$, $z = \dfrac{\det\begin{pmatrix} a & d & \alpha \\ b & e & \beta \\ c & f & \gamma \end{pmatrix}}{\det A}$

これが，**Cramer** の公式です．

10章の問題

1. 次の行列の逆行列を求めなさい．

1. $\begin{pmatrix} 2 & 3 & 0 \\ -1 & 4 & 1 \\ 3 & 0 & -1 \end{pmatrix}$
2. $\begin{pmatrix} 1 & 3 & -1 \\ 2 & 0 & -4 \\ 3 & 1 & -6 \end{pmatrix}$
3. $\begin{pmatrix} -3 & 1 & 1 \\ 8 & -1 & 2 \\ -2 & 2 & 3 \end{pmatrix}$
4. $\begin{pmatrix} 5 & 9 & 1 \\ -3 & 3 & 2 \\ -1 & 8 & 3 \end{pmatrix}$

2. 次の3元連立方程式を行列の等式で表し，その解を求めなさい．

1. $\begin{cases} 3x + 4y - 2z = -3 \\ x - y + z = 0 \\ 4x + z = -2 \end{cases}$
2. $\begin{cases} 2x - 3y = 14 \\ 5x + 2z = 14 \\ 4y + z = -11 \end{cases}$
3. $\begin{cases} 4x + 2y + 3z = 6 \\ 2x + 3y + 2z = -6 \\ 5x - 2y + 3z = 27 \end{cases}$

3. 次の4元連立方程式を行列の等式で表し，その解を求めなさい．

$$\begin{cases} 3x + 3y + z + 2w = 9 \\ 2x - 2y - z - w = -7 \\ 2x + 2y + z + 2w = 6 \\ 3x + 2y + 2z + 3w = 2 \end{cases}$$

ただし，行列 $A = \begin{pmatrix} 3 & 3 & 1 & 2 \\ 2 & -2 & -1 & -1 \\ 2 & 2 & 1 & 2 \\ 3 & 2 & 2 & 3 \end{pmatrix}$ の逆行列 A^{-1} が，

$A^{-1} = \dfrac{1}{5} \begin{pmatrix} 2 & 1 & -3 & 1 \\ 3 & -1 & -2 & -1 \\ 6 & -2 & -19 & 8 \\ -8 & 1 & 17 & -4 \end{pmatrix}$ となることを用いてよい．

第11章

証明

　この章では，いままでの章であと回しにしてきた定理や性質の証明を行います．この章の証明によって，他の方法で導入された行列式と同じものであることが確認されます．

　なお，本書では行列式を帰納的に導入したので，証明も帰納的な形になります．

11.1 定理証明の準備のための性質

　この章では，以下の①〜⑤と⑦について，帰納的な証明をします．⑥はすでに，6章で示してあります．
$$\det(AB) = (\det A)(\det B) \quad \cdots\cdots ①$$
$(k-1) \times (k-1)$ 行列までについては，①が成り立ち，それを用いて計算した以下の性質も成り立っているとします．

1. $\det A = \det{}^t A$ ……② （転置行列の行列式は元の行列の行列式と同じ）
2. ある列と別の列（ある行と別の行）の入れ替えによって符号が変わる……③
3. ある列に別の列（ある行に別の行）の実数倍を加えても行列式が変わらない……④
4. 下三角行列の行列式が対角成分の積であること……⑤

「上三角行列の行列式が対角成分の積」……⑥ については，すべての $n \times n$ 行列で成り立っています．また⑤は，似た形でありながら，証明は別です．

　また，③と①の結果から，$(k-1) \times (k-1)$ 行列までについては，「A のある列（行）の成分がすべて0のとき，$\det A = 0$……⑦」が成り立ちます．

　さて，$(k-1) \times (k-1)$ 行列までについては，①〜⑦までが成り立っているとします．まずは，簡単なものから示していきます．

(1) $k \times k$ 行列 $C_{i,j}(\alpha)$ （単位行列の $(i,j)[i \neq j]$ 成分を 0 から α に変えた）について，$\det C_{i,j}(\alpha) = 1$.

[証明]

i と j の大小で場合分けをします．

（ア）$i < j$ のときは $C_{i,j}(\alpha)$ が上三角行列なので，明らかです．

（イ）$j < i$ のとき，$j \neq 1$ ならば，1列目で展開して，
$$\det C_{i,j}(\alpha) = \det C_{i-1,j-1}(\alpha)$$
となります．ここで，$\det C_{i-1,j-1}(\alpha)$ は $(k-1)\times(k-1)$ 行列の行列式ですから，帰納法の仮定により，$\det C_{i,j}(\alpha) = \det C_{i-1,j-1}(\alpha) = 1$ となり，この場合は証明されます．

（ウ）$j < i$ で，$j = 1$ のとき，

$$C_{i,1}(\alpha) = \begin{pmatrix} 1 & 0 & \cdots & \cdots & \cdots & 0 \\ 0 & 1 & 0 & & & \vdots \\ \vdots & \ddots & 1 & \ddots & & \vdots \\ \alpha & & & \ddots & \ddots & \vdots \\ \vdots & & & & \ddots & 0 \\ 0 & \cdots & \cdots & \cdots & 0 & 1 \end{pmatrix} \quad (\alpha \text{ は } i \text{ 行目です．})$$

これを展開すると

$\det C_{i,j}(\alpha) = 1 \times \det E_{k-1} + \alpha \times (-1)^{i+1} \det$（1列目と i 行目を除いた行列）$= \det E_{k-1} + \alpha \times (-1)^{i+1} \det \Delta_{i1}$

この式の2項目の（1列目と i 行目を除いた行列）の1行目の成分はすべて0で，⑦により，小行列式 $\det \Delta_{i1} = 0$ ですから，
$$\det C_{i,j}(\alpha) = \det E_{k-1} = 1 \text{ となります．} \qquad \square$$

(2) 入れ替え行列 $D_{i,j}$ の行列式

入れ替え行列 $D_{i,j}$ は単位行列の i 列と j 列を入れ替えたものです．この行列式「$\det D_{i,j} = -1$」ということが，$k \times k$ 行列でも成り立つことを示します．

[証明]

この行列は i と j に関して対称なので，$i < j$ としても一般性を失いません．

（ア）$i \neq 1$ のとき，1列目で展開すると，

$$\det D_{i,j} = 1 \times \det D_{i-1,j-1} + 0 \times \det A_{21} + \cdots + 0 \times \det A_{k1}$$
$$= \det D_{i-1,j-1}$$

となって，$(k-1) \times (k-1)$ 行列の場合に帰着しますから，$\det D_{i,j} = -1$ が成り立ちます．

（イ）$i = 1$ のとき，

$$\begin{pmatrix} 0 & 0 & 0 & \cdots & 1 & \cdots & \cdots & 0 \\ 0 & 1 & 0 & & & & & \vdots \\ \vdots & \ddots & \ddots & \ddots & \vdots & & & \vdots \\ \vdots & & \ddots & 1 & 0 & & & \vdots \\ 1 & 0 & \cdots & 0 & 0 & \ddots & & \vdots \\ \vdots & & & & \ddots & 1 & \ddots & \vdots \\ \vdots & & & & & \ddots & \ddots & 0 \\ 0 & \cdots & \cdots & \cdots & \cdots & & 0 & 1 \end{pmatrix} \begin{pmatrix} (1,j) \text{ と } (j,1) \text{ の 2 つの成分が 1} \\ (j,j) \text{ と } (1,1) \text{ が 0} \end{pmatrix}$$

$\det D_{i,j}$ を 1 列目で展開すると，j 行目以外は 0 なので，

$$\det D_{i,j} = (-1)^{j+1} \det \begin{pmatrix} 0 & \cdots & 0 & 1 & 0 & \cdots & 0 \\ 1 & & & 0 & & & \vdots \\ \vdots & \ddots & & \vdots & & & \vdots \\ 0 & \cdots & 1 & 0 & 0 & & \vdots \\ \vdots & & & 0 & 0 & 1 & \vdots \\ \vdots & & & \vdots & & \ddots & 0 \\ 0 & \cdots & \cdots & 0 & \cdots & 0 & 1 \end{pmatrix} \begin{pmatrix} 1 \text{ と書いていない} \\ \text{成分はすべて 0} \end{pmatrix}$$

ここに出てくる行列は，$(k-1) \times (k-1)$ の行列で（帰納法の仮定

が使える), $(j-1)$ 列目の 1 行目に 1 があるので, $(j-1)$ 列目を 1 列目に移動し, あと順繰りに 1 列目から $(j-2)$ 列目を下げることによって $(k-1)\times(k-1)$ の単位行列 E になります. $(j-2)$ 回の入れ替えで単位行列 E になりますから (帰納法の仮定によって入れ替え行列で符号が変わる),

$$\det D_{i,j} = (-1)^{j+1} \times (-1)^{j-2} \times \det E = -1$$ (ちなみに, $j+1+(j-2) = 2j-1$) □

(3) 下三角行列の行列式が対角線の数を掛けたものであること.
[証明]

実際に 1 列目で展開してみますと,

$$\det\begin{pmatrix} a_{11} & 0 & \cdots & 0 \\ a_{21} & a_{22} & \ddots & \vdots \\ \vdots & \vdots & \ddots & 0 \\ a_{k1} & a_{k2} & \cdots & a_{kk} \end{pmatrix} = a_{11}\det\begin{pmatrix} a_{22} & 0 & \cdots & 0 \\ a_{32} & a_{33} & \ddots & \vdots \\ \vdots & \vdots & \ddots & 0 \\ a_{k2} & a_{k3} & \cdots & a_{kk} \end{pmatrix} - a_{21}\det\begin{pmatrix} 0 & 0 & \cdots & 0 \\ a_{32} & a_{33} & \ddots & \vdots \\ \vdots & \vdots & \ddots & 0 \\ a_{k2} & a_{k3} & \cdots & a_{kk} \end{pmatrix}$$

$$+\cdots+(-1)^{k+1}a_{k1}\det\begin{pmatrix} 0 & 0 & \cdots & 0 \\ a_{22} & 0 & & \vdots \\ \vdots & \vdots & \ddots & 0 \\ a_{(k-1)2} & a_{(k-1)3} & \cdots & a_{(k-1)(k-1)} & 0 \end{pmatrix}$$

右辺の $(k-1)\times(k-1)$ 行列の行列式に出てくる行列の 2 項目から k 項目まですべて 1 行目の成分に 0 が並んでいます. この形は⑦により 0 となります. よって, 帰納法の仮定によって,

$$\det\begin{pmatrix} a_{11} & 0 & \cdots & 0 \\ a_{21} & a_{22} & \ddots & \vdots \\ \vdots & \vdots & \ddots & 0 \\ a_{k1} & a_{k2} & \cdots & a_{kk} \end{pmatrix} = a_{11}\det\begin{pmatrix} a_{22} & 0 & \cdots & 0 \\ a_{32} & a_{33} & \ddots & \vdots \\ \vdots & \vdots & \ddots & 0 \\ a_{k2} & a_{k3} & \cdots & a_{kk} \end{pmatrix}$$

$$= a_{11}\times a_{22}\times\cdots\times a_{kk}$$

となって, ⑤が示されました. □

11.2　いよいよ定理の証明へ

(1)，(2)，(3) により，$k \times k$ 行列まで③，④，⑤が成り立つことが示されました．

(4) ここでは，③から⑤を用いて，3×3 行列で $\det(AB) = (\det A)(\det B)$ が成り立つとき，4×4 行列の場合にも $\det(AB) = (\det A)(\det B)$ が成り立つことを証明しましょう．一般の $(k-1) \times (k-1)$ 行列の場合を仮定して，$k \times k$ 行列を証明する方法も，本質的には変わりません．添え字が煩わしいだけで，同じ論法でできます．

I　まずは，1列目と2列目が等しい行列の行列式が0であることを示します．

$$\det \begin{pmatrix} a & a & k & p \\ b & b & l & q \\ c & c & m & r \\ d & d & n & s \end{pmatrix} = 0 \quad \cdots\cdots ⑧$$

[証明]　行列式の定義より，

11.2 いよいよ定理の証明へ

$$
\begin{aligned}
左辺 =\ & a\det\begin{pmatrix} b & l & q \\ c & m & r \\ d & n & s \end{pmatrix} - b\det\begin{pmatrix} a & k & p \\ c & m & r \\ d & n & s \end{pmatrix} + c\det\begin{pmatrix} a & k & p \\ b & l & q \\ d & n & s \end{pmatrix} - d\det\begin{pmatrix} a & k & p \\ b & l & q \\ c & m & r \end{pmatrix} \\
=\ & a\left\{ b\det\begin{pmatrix} m & r \\ n & s \end{pmatrix} - c\det\begin{pmatrix} l & q \\ n & s \end{pmatrix} + d\det\begin{pmatrix} l & q \\ m & r \end{pmatrix} \right\} \\
& -b\left\{ a\det\begin{pmatrix} m & r \\ n & s \end{pmatrix} - c\det\begin{pmatrix} k & p \\ n & s \end{pmatrix} + d\det\begin{pmatrix} k & p \\ m & r \end{pmatrix} \right\} \\
& +c\left\{ a\det\begin{pmatrix} l & q \\ n & s \end{pmatrix} - b\det\begin{pmatrix} k & p \\ n & s \end{pmatrix} + d\det\begin{pmatrix} k & p \\ l & q \end{pmatrix} \right\} \\
& -d\left\{ a\det\begin{pmatrix} l & q \\ m & r \end{pmatrix} - b\det\begin{pmatrix} k & p \\ m & r \end{pmatrix} + c\det\begin{pmatrix} k & p \\ l & q \end{pmatrix} \right\}
\end{aligned}
$$

この式の最後に残った行列式は，3列目と4列目の数字からなっていて，それらは，1列目と2列目の文字の入っている行を除いたものです．

たとえば，ab あるいは ba のあとには，a が1行目で，b が2行目だから，3列目の3行目と4行目の文字と，4列目の3行目と4行目の文字からなる行列の行列式 $\det\begin{pmatrix} m & r \\ n & s \end{pmatrix}$ が来ています．cd あるいは dc のあとには，c が3行目で，d が4行目だから，3列目の1行目と2行目の文字と，4列目の1行目と2行目の文字からなる行列の行列式 $\det\begin{pmatrix} k & p \\ l & q \end{pmatrix}$ が来ています．

さらに，同じ文字の組み合わせは，すべて符号が異なります．よって，すべてが打ち消しあって，行列式が0となります．

Ⅱ 次の計算は，Ⅰ（⑧）からすぐに出ます．

$$\det\begin{pmatrix} a & k & a & p \\ b & l & b & q \\ c & m & c & r \\ d & n & d & s \end{pmatrix} = 0 \quad \cdots\cdots ⑨, \quad \det\begin{pmatrix} a & k & p & a \\ b & l & q & b \\ c & m & r & c \\ d & n & s & d \end{pmatrix} = 0 \quad \cdots\cdots ⑩$$

⑨の左辺

$$= a\det\begin{pmatrix} l & b & q \\ m & c & r \\ n & d & s \end{pmatrix} - b\det\begin{pmatrix} k & a & p \\ m & c & r \\ n & d & s \end{pmatrix} + c\det\begin{pmatrix} k & a & p \\ l & b & q \\ n & d & s \end{pmatrix} - d\det\begin{pmatrix} k & a & p \\ l & b & q \\ m & c & r \end{pmatrix}$$

$$= -a\det\begin{pmatrix} b & l & q \\ c & m & r \\ d & n & s \end{pmatrix} + b\det\begin{pmatrix} a & k & p \\ c & m & r \\ d & n & s \end{pmatrix} - c\det\begin{pmatrix} a & k & p \\ b & l & q \\ d & n & s \end{pmatrix} + d\det\begin{pmatrix} a & k & p \\ b & l & q \\ c & m & r \end{pmatrix}$$

（3×3 の 1 列目と 2 列目の交換）

$$= -\det\begin{pmatrix} a & a & k & p \\ b & b & l & q \\ c & c & m & r \\ d & d & n & s \end{pmatrix} = 0 \quad (⑧より)$$

⑩についても同じで，2 回交換すると⑧になります．この場合，符号も変わりません．

Ⅲ ある列に別の列の実数倍を加えても行列式は変わりません．

ア $\quad \det\begin{pmatrix} a+te & e & k & p \\ b+tf & f & l & q \\ c+tg & g & m & r \\ d+th & h & n & s \end{pmatrix} = \det\begin{pmatrix} a & e & k & p \\ b & f & l & q \\ c & g & m & r \\ d & h & n & s \end{pmatrix}$ の計算

11.2 いよいよ定理の証明へ

$$\text{左辺} = (a+te)\det\begin{pmatrix} f & l & q \\ g & m & r \\ h & n & s \end{pmatrix} - (b+tf)\det\begin{pmatrix} e & k & p \\ g & m & r \\ h & n & s \end{pmatrix}$$

$$+(c+tg)\det\begin{pmatrix} e & k & p \\ f & l & q \\ h & n & s \end{pmatrix} - (d+th)\det\begin{pmatrix} e & k & p \\ f & l & q \\ g & m & r \end{pmatrix}$$

$$= a\det\begin{pmatrix} f & l & q \\ g & m & r \\ h & n & s \end{pmatrix} - b\det\begin{pmatrix} e & k & p \\ g & m & r \\ h & n & s \end{pmatrix} + c\det\begin{pmatrix} e & k & p \\ f & l & q \\ h & n & s \end{pmatrix} - d\det\begin{pmatrix} e & k & p \\ f & l & q \\ g & m & r \end{pmatrix}$$

$$+t\left\{ e\det\begin{pmatrix} f & l & q \\ g & m & r \\ h & n & s \end{pmatrix} - f\det\begin{pmatrix} e & k & p \\ g & m & r \\ h & n & s \end{pmatrix} + g\det\begin{pmatrix} e & k & p \\ f & l & q \\ h & n & s \end{pmatrix} - h\det\begin{pmatrix} e & k & p \\ f & l & q \\ g & m & r \end{pmatrix} \right\}$$

$$= \det\begin{pmatrix} a & e & k & p \\ b & f & l & q \\ c & g & m & r \\ d & h & n & s \end{pmatrix} + t\det\begin{pmatrix} e & e & k & p \\ f & f & l & q \\ g & g & m & r \\ h & h & n & s \end{pmatrix} = \det\begin{pmatrix} a & e & k & p \\ b & f & l & q \\ c & g & m & r \\ d & h & n & s \end{pmatrix}$$

(上の左辺の 2 項目が 0 になることは⑧によります)

イ $\boxed{\det\begin{pmatrix} a & e+ta & k & p \\ b & f+tb & l & q \\ c & g+tc & m & r \\ d & h+td & n & s \end{pmatrix} = \det\begin{pmatrix} a & e & k & p \\ b & f & l & q \\ c & g & m & r \\ d & h & n & s \end{pmatrix}}$ の計算

$$\text{左辺} = a \det \begin{pmatrix} f+tb & l & q \\ g+tc & m & r \\ h+td & n & s \end{pmatrix} - b \det \begin{pmatrix} e+ta & k & p \\ g+tc & m & r \\ h+td & n & s \end{pmatrix}$$

$$+ c \det \begin{pmatrix} e+ta & k & p \\ f+tb & l & q \\ h+td & n & s \end{pmatrix} - d \det \begin{pmatrix} e+ta & k & p \\ f+tb & l & q \\ g+tc & m & r \end{pmatrix}$$

$$= a \left\{ (f+tb) \det \begin{pmatrix} m & r \\ n & s \end{pmatrix} - (g+tc) \det \begin{pmatrix} l & q \\ n & s \end{pmatrix} + (h+td) \det \begin{pmatrix} l & q \\ m & r \end{pmatrix} \right\}$$

$$- b \left\{ (e+ta) \det \begin{pmatrix} m & r \\ n & s \end{pmatrix} - (g+tc) \det \begin{pmatrix} k & p \\ n & s \end{pmatrix} + (h+td) \det \begin{pmatrix} k & p \\ m & r \end{pmatrix} \right\}$$

$$+ c \left\{ (e+ta) \det \begin{pmatrix} l & q \\ n & s \end{pmatrix} - (f+tb) \det \begin{pmatrix} k & p \\ n & s \end{pmatrix} + (h+td) \det \begin{pmatrix} k & p \\ l & q \end{pmatrix} \right\}$$

$$- d \left\{ (e+ta) \det \begin{pmatrix} l & q \\ m & r \end{pmatrix} - (f+tb) \det \begin{pmatrix} k & p \\ m & r \end{pmatrix} + (g+tc) \det \begin{pmatrix} k & p \\ l & q \end{pmatrix} \right\}$$

$$= a \left\{ f \det \begin{pmatrix} m & r \\ n & s \end{pmatrix} - g \det \begin{pmatrix} l & q \\ n & s \end{pmatrix} + h \det \begin{pmatrix} l & q \\ m & r \end{pmatrix} \right\} \quad \left(= a \det \begin{pmatrix} f & l & q \\ g & m & r \\ h & n & s \end{pmatrix} \right)$$

$$- b \left\{ e \det \begin{pmatrix} m & r \\ n & s \end{pmatrix} - g \det \begin{pmatrix} k & p \\ n & s \end{pmatrix} + h \det \begin{pmatrix} k & p \\ m & r \end{pmatrix} \right\} \quad \left(= -b \det \begin{pmatrix} e & k & p \\ g & m & r \\ h & n & s \end{pmatrix} \right)$$

$$+ c \left\{ e \det \begin{pmatrix} l & q \\ n & s \end{pmatrix} - f \det \begin{pmatrix} k & p \\ n & s \end{pmatrix} + h \det \begin{pmatrix} k & p \\ l & q \end{pmatrix} \right\} \quad \left(= c \det \begin{pmatrix} e & k & p \\ f & l & q \\ h & n & s \end{pmatrix} \right)$$

$$- d \left\{ e \det \begin{pmatrix} l & q \\ m & r \end{pmatrix} - f \det \begin{pmatrix} k & p \\ m & r \end{pmatrix} + g \det \begin{pmatrix} k & p \\ l & q \end{pmatrix} \right\} \quad \left(= -d \det \begin{pmatrix} e & k & p \\ f & l & q \\ g & m & r \end{pmatrix} \right)$$

$$+ ta \left\{ b \det \begin{pmatrix} m & r \\ n & s \end{pmatrix} - c \det \begin{pmatrix} l & q \\ n & s \end{pmatrix} + d \det \begin{pmatrix} l & q \\ m & r \end{pmatrix} \right\} \left(= ta \det \begin{pmatrix} b & l & q \\ c & m & r \\ d & n & s \end{pmatrix} \right)$$

$$- tb \left\{ a \det \begin{pmatrix} m & r \\ n & s \end{pmatrix} - c \det \begin{pmatrix} k & p \\ n & s \end{pmatrix} + d \det \begin{pmatrix} k & p \\ m & r \end{pmatrix} \right\} \left(= -tb \det \begin{pmatrix} a & k & p \\ c & m & r \\ d & n & s \end{pmatrix} \right)$$

$$+ tc \left\{ a \det \begin{pmatrix} l & q \\ n & s \end{pmatrix} - b \det \begin{pmatrix} k & p \\ n & s \end{pmatrix} + d \det \begin{pmatrix} k & p \\ l & q \end{pmatrix} \right\} \left(= tc \det \begin{pmatrix} a & k & p \\ b & l & q \\ d & n & s \end{pmatrix} \right)$$

$$- td \left\{ a \det \begin{pmatrix} l & q \\ m & r \end{pmatrix} - b \det \begin{pmatrix} k & p \\ m & r \end{pmatrix} + c \det \begin{pmatrix} k & p \\ l & q \end{pmatrix} \right\} \left(= -td \det \begin{pmatrix} a & k & p \\ b & l & q \\ c & m & r \end{pmatrix} \right)$$

$$= \det \begin{pmatrix} a & e & k & p \\ b & f & l & q \\ c & g & m & r \\ d & h & n & s \end{pmatrix} + t \det \begin{pmatrix} a & a & k & p \\ b & b & l & q \\ c & c & m & r \\ d & d & n & s \end{pmatrix} = \det \begin{pmatrix} a & e & k & p \\ b & f & l & q \\ c & g & m & r \\ d & h & n & s \end{pmatrix}$$

ウ　1列目が関係していないとき，3×3 行列に帰着します．

たとえば，

$$\boxed{\det \begin{pmatrix} a & e+tk & k & p \\ b & f+tl & l & q \\ c & g+tm & m & r \\ d & h+tn & n & s \end{pmatrix} = \det \begin{pmatrix} a & e & k & p \\ b & f & l & q \\ c & g & m & r \\ d & h & n & s \end{pmatrix}}$$ の計算

$$\text{左辺} = a\det\begin{pmatrix} f+tl & l & q \\ g+tm & m & r \\ h+tn & n & s \end{pmatrix} - b\det\begin{pmatrix} e+tk & k & p \\ g+tm & m & r \\ h+tn & n & s \end{pmatrix}$$

$$+c\det\begin{pmatrix} e+tk & k & p \\ f+tl & l & q \\ h+tn & n & s \end{pmatrix} - d\det\begin{pmatrix} e+tk & k & p \\ f+tl & l & q \\ g+tm & m & r \end{pmatrix}$$

$$= a\det\begin{pmatrix} f & l & q \\ g & m & r \\ h & n & s \end{pmatrix} - b\det\begin{pmatrix} e & k & p \\ g & m & r \\ h & n & s \end{pmatrix} + c\det\begin{pmatrix} e & k & p \\ f & l & q \\ h & n & s \end{pmatrix} - d\det\begin{pmatrix} e & k & p \\ f & l & q \\ g & m & r \end{pmatrix}$$

(3×3 では，④が成立します)

$$= \det\begin{pmatrix} a & e & k & p \\ b & f & l & q \\ c & g & m & r \\ d & h & n & s \end{pmatrix}$$

Ⅳ ある行に別の行の実数倍を加えても行列式は変わらないこと

$$\boxed{\det\begin{pmatrix} a+tb & e+tf & k+tl & p+tq \\ b & f & l & q \\ c & g & m & r \\ d & h & n & s \end{pmatrix} = \det\begin{pmatrix} a & e & k & p \\ b & f & l & q \\ c & g & m & r \\ d & h & n & s \end{pmatrix}}$$

を始めに示しましょう．

11.2 いよいよ定理の証明へ

$$= (a+tb)\det\begin{pmatrix} f & l & q \\ g & m & r \\ h & n & s \end{pmatrix} - b\det\begin{pmatrix} e+tf & k+tl & p+tq \\ g & m & r \\ h & n & s \end{pmatrix}$$

$$+ c\det\begin{pmatrix} e+tf & k+tl & p+tq \\ f & l & q \\ h & n & s \end{pmatrix} - d\det\begin{pmatrix} e+tf & k+tl & p+tq \\ f & l & q \\ g & m & r \end{pmatrix}$$

$$= (a+tb)\det\begin{pmatrix} f & l & q \\ g & m & r \\ h & n & s \end{pmatrix} - b\det\begin{pmatrix} e+tf & g & h \\ k+tl & m & n \\ p+tq & r & s \end{pmatrix}$$

$$+ c\det\begin{pmatrix} e & k & p \\ f & l & q \\ h & n & s \end{pmatrix} - d\det\begin{pmatrix} e & k & p \\ f & l & q \\ g & m & r \end{pmatrix}$$

(2項目は 3×3 での②, 3項目, 4項目は 3×3 での④より)

$$= a\det\begin{pmatrix} f & l & q \\ g & m & r \\ h & n & s \end{pmatrix} + tb\det\begin{pmatrix} f & l & q \\ g & m & r \\ h & n & s \end{pmatrix}$$

$$-b\left\{(e+tf)\det\begin{pmatrix} m & n \\ r & s \end{pmatrix} - (k+tl)\det\begin{pmatrix} g & h \\ r & s \end{pmatrix} + (p+tq)\det\begin{pmatrix} g & h \\ m & n \end{pmatrix}\right\}$$

$$+c\det\begin{pmatrix} e & k & p \\ f & l & q \\ h & n & s \end{pmatrix} - d\det\begin{pmatrix} e & k & p \\ f & l & q \\ g & m & r \end{pmatrix} \quad \cdots\cdots (☆)$$

ここで,上の真ん中の下線部分について個別に計算すると,

$$b\left\{(e+tf)\det\begin{pmatrix}m & n \\ r & s\end{pmatrix} - (k+tl)\det\begin{pmatrix}g & h \\ r & s\end{pmatrix} + (p+tq)\det\begin{pmatrix}g & h \\ m & n\end{pmatrix}\right\}$$

$$= b\left\{e\det\begin{pmatrix}m & n \\ r & s\end{pmatrix} - k\det\begin{pmatrix}g & h \\ r & s\end{pmatrix} + p\det\begin{pmatrix}g & h \\ m & n\end{pmatrix}\right\}$$

$$+ tb\left\{f\det\begin{pmatrix}m & n \\ r & s\end{pmatrix} - l\det\begin{pmatrix}g & h \\ r & s\end{pmatrix} + q\det\begin{pmatrix}g & h \\ m & n\end{pmatrix}\right\}$$

$$= b\det\begin{pmatrix}e & g & h \\ k & m & n \\ p & r & s\end{pmatrix} + tb\det\begin{pmatrix}f & g & h \\ l & m & n \\ q & r & s\end{pmatrix}$$

$$= b\det\begin{pmatrix}e & k & p \\ g & m & r \\ h & n & s\end{pmatrix} + tb\det\begin{pmatrix}f & l & q \\ g & m & r \\ h & n & s\end{pmatrix}$$

この計算を（☆）に代入すると，

$$= a\det\begin{pmatrix} f & l & q \\ g & m & r \\ h & n & s \end{pmatrix} + tb\det\begin{pmatrix} f & l & q \\ g & m & r \\ h & n & s \end{pmatrix} - b\det\begin{pmatrix} e & k & p \\ g & m & r \\ h & n & s \end{pmatrix} - tb\det\begin{pmatrix} f & l & q \\ g & m & r \\ h & n & s \end{pmatrix}$$

$$+ c\det\begin{pmatrix} e & k & p \\ f & l & q \\ h & n & s \end{pmatrix} - d\det\begin{pmatrix} e & k & p \\ f & l & q \\ g & m & r \end{pmatrix}$$

$$= a\det\begin{pmatrix} f & l & q \\ g & m & r \\ h & n & s \end{pmatrix} - b\det\begin{pmatrix} e & k & p \\ g & m & r \\ h & n & s \end{pmatrix} + c\det\begin{pmatrix} e & k & p \\ f & l & q \\ h & n & s \end{pmatrix} - d\det\begin{pmatrix} e & k & p \\ f & l & q \\ g & m & r \end{pmatrix}$$

$$= \det\begin{pmatrix} a & e & k & p \\ b & f & l & q \\ c & g & m & r \\ d & h & n & s \end{pmatrix}$$

次の形でも基本的には同じように示されます．

$$\det\begin{pmatrix} a & e & k & p \\ b+ta & f+te & l+tk & q+tp \\ c & g & m & r \\ d & h & n & s \end{pmatrix} = \det\begin{pmatrix} a & e & k & p \\ b & f & l & q \\ c & g & m & r \\ d & h & n & s \end{pmatrix}$$

11.3　証明の完結へ

V　いよいよ，$\det AB = (\det A)(\det B)$ の証明に入ります．

A の行に別の行の実数倍を加える操作を何回かくり返すと，A を上三角行列にすることができます．これは，$P_1 P_2 \cdots P_u A$ と表すことができます．

また，B の列に別の列の実数倍を加える操作を何回かくり返すと，やはり上三角行列にすることができます．これは，$BQ_1 Q_2 \cdots Q_v$ と表すことができます．

$P_1, P_2, \cdots, P_u, Q_1, Q_2, \cdots, Q_v$ の操作によって，行列式が変わらないことは，I〜IVで見てあります．

ゆえに，$\det A = \det(P_1 P_2 \cdots P_u A)$, $\det B = \det(BQ_1 Q_2 \cdots Q_v)$

よって，$\det AB = \det(P_1 P_2 \cdots P_u A B Q_1 Q_2 \cdots Q_v)$
$= \det\{(P_1 P_2 \cdots P_u A)(BQ_1 Q_2 \cdots Q_v)\}$
$=$（2つの行列の対応する対角成分の積）のすべての積
$= (\det A)(\det B)$　　　　□

VI　具体例

$$A = \begin{pmatrix} 1 & 2 & 2 \\ 2 & 1 & 3 \\ 1 & 1 & 4 \end{pmatrix}, B = \begin{pmatrix} 1 & 0 & 2 \\ 0 & 1 & 1 \\ -1 & 1 & -4 \end{pmatrix}$$ について，

$$\det A = \det \begin{pmatrix} 1 & 2 & 2 \\ 2 & 1 & 3 \\ 1 & 1 & 4 \end{pmatrix} = \det \begin{pmatrix} 1 & 2 & 2 \\ 0 & -3 & -1 \\ 0 & -1 & 2 \end{pmatrix}$$

$$= \det \begin{pmatrix} 1 & 2 & 2 \\ 0 & -3 & -1 \\ 0 & 0 & \frac{7}{3} \end{pmatrix} = -7$$

$(C_{3,1}(-1) \times C_{2,1}(-2) \times A.$ さらに $C_{3,2}\left(-\dfrac{1}{3}\right)$ を左から掛けた)

$$\det B = \det \begin{pmatrix} 1 & 0 & 2 \\ 0 & 1 & 1 \\ -1 & 1 & -4 \end{pmatrix} = \det \begin{pmatrix} \dfrac{1}{2} & \dfrac{1}{2} & 2 \\ -\dfrac{1}{4} & \dfrac{5}{4} & 1 \\ 0 & 0 & -4 \end{pmatrix}$$

$$= \det \begin{pmatrix} \dfrac{3}{5} & \dfrac{1}{2} & 2 \\ 0 & \dfrac{5}{4} & 1 \\ 0 & 0 & -4 \end{pmatrix} = -3$$

$(B \times C_{3,1}\left(-\dfrac{1}{4}\right) \times C_{3,2}\left(\dfrac{1}{4}\right).$ さらに $C_{2,1}\left(\dfrac{1}{5}\right)$ を右から掛けた)

よって,

$$(\det A)(\det B) = (-7) \cdot (-3) = 21$$

これが $\det(AB)$ の値と等しいことを確認します.

$$\det(AB) = \det(P_1 P_2 \cdots P_u A B Q_1 Q_2 \cdots Q_v)$$

$$= \det \begin{pmatrix} 1 & 2 & 2 \\ 0 & -3 & -1 \\ 0 & 0 & \dfrac{7}{3} \end{pmatrix} \begin{pmatrix} \dfrac{3}{5} & \dfrac{1}{2} & 2 \\ 0 & \dfrac{5}{4} & 1 \\ 0 & 0 & -4 \end{pmatrix}$$

$$= \det \begin{pmatrix} \dfrac{3}{5} & 3 & -4 \\ 0 & -\dfrac{15}{4} & 1 \\ 0 & 0 & -\dfrac{28}{3} \end{pmatrix}$$

$$= \dfrac{3}{5} \times \left(-\dfrac{15}{4}\right) \times \left(-\dfrac{28}{3}\right)$$

$$= 21$$

実際，$AB = \begin{pmatrix} -1 & 4 & -4 \\ -1 & 4 & -7 \\ -3 & 5 & -13 \end{pmatrix}$ で，

$$\det AB = \det \begin{pmatrix} -1 & 4 & -4 \\ -1 & 4 & -7 \\ -3 & 5 & -13 \end{pmatrix}$$

$$= \det \begin{pmatrix} -1 & 4 & -4 \\ 0 & 0 & -3 \\ -3 & 5 & -13 \end{pmatrix}$$

$$= (-1)^{2+3}(-3)\det \begin{pmatrix} -1 & 4 \\ -3 & 5 \end{pmatrix} \quad \text{(2 行目の展開)}$$

$$= 3(-5+12)$$

$$= 21$$

(5) 最後に，$\det A = \det {}^t A$ を証明します．

今までの議論で，$k \times k$ 行列までの，②を除く①〜⑦が示されています．

A の $(1,1)$ 成分が 0 でないとします．A の $(1,1)$ 成分が 0 のときはその列の成分が 0 でない行を 1 行目に加えれば 0 でなくなります．1 列目の成分がすべて 0 ならば，$\det A = 0$ で，${}^t A$ の 1 行目の成分がすべて 0 となって，この場合も，$\det A = 0 = \det {}^t A$ が成り立ちます．

よって，$a_{11} \neq 0$ と仮定しても，問題ありません．

$A = \begin{pmatrix} a_{11} & a_{12} & \cdots & a_{1k} \\ a_{21} & a_{22} & & \vdots \\ \vdots & \vdots & \ddots & 0 \\ a_{k1} & a_{k2} & \cdots & a_{kk} \end{pmatrix}$ の 2 行目に 1 行目の $\dfrac{-a_{21}}{a_{11}}$ 倍を加え

ると，(2,1) 成分が 0 になります．この操作は $C_{2,1}\left(-\dfrac{a_{21}}{a_{11}}\right)$ を A に左から掛ける操作となります．

このとき，${}^tC_{2,1}\left(-\dfrac{a_{21}}{a_{11}}\right)$ を ${}^tA$ に右から掛けると (1,2) 成分が 0 になります．

$${}^t\left[C_{2,1}\left(-\dfrac{a_{21}}{a_{11}}\right)A\right] = {}^tA\,{}^t\left[C_{2,1}\left(-\dfrac{a_{21}}{a_{11}}\right)\right]$$

ですから[12]，$C_{2,1}\left(-\dfrac{a_{21}}{a_{11}}\right)A$ の転置行列が ${}^tA\left[C_{2,1}\left(-\dfrac{a_{21}}{a_{11}}\right)\right]$ となっています．また，どちらの操作によっても，「積の行列式」の定理が $k\times k$ 行列で成り立っていますから，行列式の値は変わりません．

同様のことを A の (3,1) 成分と ${}^tA$ の (1,3) 成分が 0 になるように行います．

この操作を続けると，お互い転置行列の関係にある行列 P と Q が得られ，

---

[12] このことは以下のことから示されます．2 つの $n\times n$ 行列 A, B について，
  I．すべての n 次元縦ベクトル $\vec{x}$ に対して
  $$A\vec{x} = B\vec{x} \Rightarrow A = B \qquad \cdots\cdots (\#)$$
  また，すべての n 次元横ベクトル $\vec{y}$ に対して
  $$\vec{y}A = \vec{y}B \Rightarrow A = B \qquad \cdots\cdots (\#\#)$$
  $(\#)$ は $\vec{x}$ に $\vec{x}_1 = {}^t(1,0,\cdots,0)$, $\vec{x}_2 = {}^t(0,1,0,\cdots,0)$, $\vec{x}_n = {}^t(0,\cdots,0,1)$ を代入してみると A の各列ベクトルが B の対応する列ベクトルに等しいことから出てきます．$(\#\#)$ は $\vec{y}_1 = (1,0,\cdots,0)$, $\cdots$, $\vec{y}_n = (0,\cdots,0,1)$ について同じことをします．
  II．$C\vec{x} = \vec{z}$ ならば，${}^t(C\vec{x}) = {}^t\vec{x}\,{}^tC = {}^t\vec{z}$ となることは明らかです．よってすべての $\vec{x}$ について，${}^t(AC\vec{x}) = {}^t\vec{x}\,{}^t(AC)$ であって
  $${}^t(AC\vec{x}) = {}^t\{A(C\vec{x})\} = {}^t(C\vec{x})\cdot{}^tA = {}^t\vec{x}\,{}^tC\cdot{}^tA$$
  なので ${}^t(AC) = {}^t(C)\cdot{}^t(A)$ がいえます．

$$P = \begin{pmatrix} a_{11} & p_{12} & \cdots & p_{1k} \\ 0 & p_{22} & & p_{2k} \\ \vdots & \vdots & \ddots & \vdots \\ 0 & p_{k2} & \cdots & p_{kk} \end{pmatrix}, \quad Q = \begin{pmatrix} a_{11} & 0 & \cdots & 0 \\ q_{21} & q_{22} & & q_{2k} \\ \vdots & \vdots & \ddots & \vdots \\ q_{k1} & q_{k2} & \cdots & q_{kk} \end{pmatrix}$$

次の関係もみたします.

$$\det A = \det P = a_{11} \det \begin{pmatrix} p_{22} & \cdots & p_{2k} \\ \vdots & \ddots & \vdots \\ p_{k2} & \cdots & p_{kk} \end{pmatrix}$$

$$\det {}^t A = \det Q = a_{11} \det \begin{pmatrix} q_{22} & \cdots & q_{2k} \\ \vdots & \ddots & \vdots \\ q_{k2} & \cdots & q_{kk} \end{pmatrix}$$

P と Q が転置行列の関係ですから,

$\begin{pmatrix} p_{22} & \cdots & p_{2k} \\ \vdots & \ddots & \vdots \\ p_{k2} & \cdots & p_{kk} \end{pmatrix}$ と $\begin{pmatrix} q_{22} & \cdots & q_{2k} \\ \vdots & \ddots & \vdots \\ q_{k2} & \cdots & q_{kk} \end{pmatrix}$ も $(k-1) \times (k-1)$ 行列の転

置行列です. 帰納法の仮定から, この2つの行列式は等しいので,

$$\det A = a_{11} \det \begin{pmatrix} p_{22} & \cdots & p_{2k} \\ \vdots & \ddots & \vdots \\ p_{k2} & \cdots & p_{kk} \end{pmatrix}$$

$$= a_{11} \det \begin{pmatrix} q_{22} & \cdots & q_{2k} \\ \vdots & \ddots & \vdots \\ q_{k2} & \cdots & q_{kk} \end{pmatrix} = \det {}^t A$$

となり, $k \times k$ 行列でも, $\det A = \det {}^t A$ が証明されました.

章末問題の略解

1 章
1.
1. 連立方程式はただ 1 つの解をもち，$x = 4, y = 2$ となる．
2. 連立方程式は無数の解をもつ．
3. 連立方程式はただ 1 つの解をもち，$x = 1, y = -2$ となる．
4. 連立方程式は 1 つも解をもたない．
5. 連立方程式は 1 つも解をもたない．
6. 連立方程式は 1 つも解をもたない．

2 章
1.
1. $(1,2)$ 成分…-2，$(2,3)$ 成分…7
2. $(1,2)$ 成分…6，$(2,3)$ 成分…2
3. $(1,2)$ 成分…0，$(2,3)$ 成分…-5

2. 1. $x = 5, y = 0$，2. $x = -2, y = 0, z = 7$

3. 1. ${}^t(\begin{matrix} 5 & -8 \end{matrix})$，2. ${}^t\begin{pmatrix} 5 \\ -3 \\ -1 \end{pmatrix}$

4. 1. $(5, 5)$，2. $(9, -6)$，3. $\begin{pmatrix} -1 \\ -5 \\ 6 \end{pmatrix}$，4. $(2, -6, 11)$，5. $(-8, 10)$

5. 1. $(4, 76, -104)$，2. $(a+4, -3a-12, 6a+24)$

6. 1. 7，2. -7

7. 1. $\begin{pmatrix} 3 & 11 \\ 9 & 8 \end{pmatrix}$，2. $\begin{pmatrix} 5 & 0 & -2 \\ -3 & 0 & -4 \\ -6 & 0 & 3 \end{pmatrix}$，3. $\begin{pmatrix} -4 & 8 & 2 \\ 6 & -10 & -2 \\ -2 & 0 & 4 \end{pmatrix}$

3章

1. 1. $\begin{pmatrix} 4 & 5 \\ 6 & 2 \end{pmatrix}\begin{pmatrix} x \\ y \end{pmatrix} = \begin{pmatrix} 9 \\ 8 \end{pmatrix}$, 2. $\begin{pmatrix} 2 & 4 & 3 \\ 5 & 1 & 2 \\ 3 & 2 & 1 \end{pmatrix}\begin{pmatrix} x \\ y \\ z \end{pmatrix} = \begin{pmatrix} 3 \\ 2 \\ 4 \end{pmatrix}$

3. $\begin{pmatrix} 3 & 1 & 4 \\ 0 & 3 & 0 \\ 0 & 0 & 2 \end{pmatrix}\begin{pmatrix} x \\ y \\ z \end{pmatrix} = \begin{pmatrix} 3 \\ 4 \\ 5 \end{pmatrix}$

2. 1. $\begin{pmatrix} 19 & 12 \\ -17 & 18 \end{pmatrix}$, 2. $\begin{pmatrix} 13 & 7 \\ -1 & -15 \end{pmatrix}$, 3. $\begin{pmatrix} 3 & 7 \\ -2 & -4 \end{pmatrix}$

4. $\begin{pmatrix} 7 & 7 & 8 \\ 11 & 13 & 12 \\ 6 & 7 & 7 \end{pmatrix}$, 5. $\begin{pmatrix} 5 & 5 & 3 \\ 4 & 1 & 3 \\ 11 & 2 & 7 \end{pmatrix}$

3. $\begin{cases} y = 5 \\ 5x + 6y = 0 \end{cases}$

〜解説〜

2つの連立方程式

$$\begin{cases} 2x + 3y = u \\ 3x + 4y = v \end{cases}, \quad \begin{cases} 3u - 2v = 5 \\ -2u + 3v = 0 \end{cases}$$

をそれぞれ行列で表すと,

$$\begin{pmatrix} 2 & 3 \\ 3 & 4 \end{pmatrix}\begin{pmatrix} x \\ y \end{pmatrix} = \begin{pmatrix} u \\ v \end{pmatrix} \cdots *, \quad \begin{pmatrix} 3 & -2 \\ -2 & 3 \end{pmatrix}\begin{pmatrix} u \\ v \end{pmatrix} = \begin{pmatrix} 5 \\ 0 \end{pmatrix} \cdots \#$$

となります. このとき, *を#に代入して,

$$\begin{pmatrix} 3 & -2 \\ -2 & 3 \end{pmatrix}\left\{\begin{pmatrix} 2 & 3 \\ 3 & 4 \end{pmatrix}\begin{pmatrix} x \\ y \end{pmatrix}\right\} = \begin{pmatrix} 5 \\ 0 \end{pmatrix}$$

$$\left\{\begin{pmatrix} 3 & -2 \\ -2 & 3 \end{pmatrix}\begin{pmatrix} 2 & 3 \\ 3 & 4 \end{pmatrix}\right\}\begin{pmatrix} x \\ y \end{pmatrix} = \begin{pmatrix} 5 \\ 0 \end{pmatrix}$$

$$\begin{pmatrix} 0 & 1 \\ 5 & 6 \end{pmatrix}\begin{pmatrix} x \\ y \end{pmatrix} = \begin{pmatrix} 5 \\ 0 \end{pmatrix}$$

となるので,

$$\begin{cases} y = 5 \\ 5x + 6y = 0 \end{cases}$$

となります。

4. 薬品 X における原料 M と原料 N の重量比は $29:46$ であり，また薬品 Y における原料 M と原料 N の重量比は $79:71$ である．

〜解説〜

まず，薬品 X, Y の重さをそれぞれ x g, y g とおき，また粉末 P, Q の重さをそれぞれ p g, q g とおいて，p, q と x, y の関係を求めます．

さらにこれと同様のことを粉末 P, Q と原料 M, N との関係についても考えます．ここで原料 M, N の重さをそれぞれ m g, n g とおいて，m, n についてそれぞれ p, q を用いて表し，m, n と p, q の関係を求めます．

粉末 P, Q の重さをそれぞれ p g, q g とおくと，$p = \dfrac{3}{5}x + \dfrac{3}{10}y$, $q = \dfrac{2}{5}x + \dfrac{7}{10}y$ とそれぞれ表すことができます．これを行列で表すと，

$$\begin{pmatrix} p \\ q \end{pmatrix} = \begin{pmatrix} \dfrac{3}{5} & \dfrac{3}{10} \\ \dfrac{2}{5} & \dfrac{7}{10} \end{pmatrix} \begin{pmatrix} x \\ y \end{pmatrix} = \dfrac{1}{10} \begin{pmatrix} 6 & 3 \\ 4 & 7 \end{pmatrix} \begin{pmatrix} x \\ y \end{pmatrix} \quad \cdots ①$$

となります．

さらに，原料 M, N の重さをそれぞれ m g, n g とおくと，$m = \dfrac{1}{5}p + \dfrac{2}{3}q$, $n = \dfrac{4}{5}p + \dfrac{1}{3}q$ とそれぞれ表すことができます．これを行列で表すと，

$$\begin{pmatrix} m \\ n \end{pmatrix} = \begin{pmatrix} \dfrac{1}{5} & \dfrac{2}{3} \\ \dfrac{4}{5} & \dfrac{1}{3} \end{pmatrix} \begin{pmatrix} p \\ q \end{pmatrix} = \dfrac{1}{15} \begin{pmatrix} 3 & 10 \\ 12 & 5 \end{pmatrix} \begin{pmatrix} p \\ q \end{pmatrix} \quad \cdots ②$$

となります．

ここで行列の等式①，②から，2 つの薬品 X, Y をそれぞれ x g, y g だけ調合されたときに使用される原料 M, N の重さは以下のようになります．

$$\begin{pmatrix} m \\ n \end{pmatrix} = \frac{1}{15} \begin{pmatrix} 3 & 10 \\ 12 & 5 \end{pmatrix} \begin{pmatrix} p \\ q \end{pmatrix}$$

$$= \frac{1}{15} \begin{pmatrix} 3 & 10 \\ 12 & 5 \end{pmatrix} \left[\frac{1}{10} \begin{pmatrix} 6 & 3 \\ 4 & 7 \end{pmatrix} \begin{pmatrix} x \\ y \end{pmatrix} \right]$$

$$= \frac{1}{150} \begin{pmatrix} 3 & 10 \\ 12 & 5 \end{pmatrix} \begin{pmatrix} 6 & 3 \\ 4 & 7 \end{pmatrix} \begin{pmatrix} x \\ y \end{pmatrix}$$

$$= \frac{1}{150} \begin{pmatrix} 58 & 79 \\ 92 & 71 \end{pmatrix} \begin{pmatrix} x \\ y \end{pmatrix}$$

以上のことから,原料 M, N が使用される重さを 2 つの薬品 X, Y の調合された量 x, y で行列を用いて表すと,

$$\begin{pmatrix} m \\ n \end{pmatrix} = \frac{1}{150} \begin{pmatrix} 58 & 79 \\ 92 & 71 \end{pmatrix} \begin{pmatrix} x \\ y \end{pmatrix} \quad \text{となります}.$$

したがって,薬品 X は原料 M, N を $58 : 92 = 29 : 46$ の比で調合されており,薬品 Y は原料 M, N を $79 : 71$ の比で調合されていることがわかります.

4 章

1. 実際に XE と EX を計算して,各成分が X の成分と同じになることを示せばよいでしょう.
2. 1. 行列 A は行列 X の逆行列である.($AX = XA = E$ より)
   2. 行列 A は行列 X の逆行列ではない.
   $$\left(AX = \begin{pmatrix} 1 & 0 \\ 0 & 2 \end{pmatrix} \neq E \text{ より} \right)$$
   3. 行列 A は行列 X の逆行列である.($AX = XA = E$ より)
3. 1. 1 2. 2 3. 0 4. 0
4. 1. $\begin{pmatrix} 2 & -1 \\ -5 & 3 \end{pmatrix}$ 2. $\frac{1}{5} \begin{pmatrix} 4 & 3 \\ -3 & -1 \end{pmatrix}$ 3. $\frac{1}{5} \begin{pmatrix} -5 & -5 \\ 6 & 7 \end{pmatrix}$
5. 1. $\begin{pmatrix} x \\ y \end{pmatrix} = \begin{pmatrix} 3 \\ 2 \end{pmatrix}$ 2. $\begin{pmatrix} x \\ y \end{pmatrix} = \begin{pmatrix} 1 \\ -1 \end{pmatrix}$ 3. $\begin{pmatrix} x \\ y \end{pmatrix} = \begin{pmatrix} -8 \\ -5 \end{pmatrix}$
6. 方程式は次のように表わされます.

$$\begin{pmatrix} 0 & 1 & 2 \\ 1 & 2 & 3 \\ -2 & -1 & -1 \end{pmatrix} \begin{pmatrix} x \\ y \\ z \end{pmatrix} = \begin{pmatrix} 1 \\ 2 \\ 3 \end{pmatrix}$$

この両辺に $\begin{pmatrix} 1 & -1 & -1 \\ -5 & 4 & 2 \\ 3 & -2 & -1 \end{pmatrix}$ を左から掛けて,

$$\begin{pmatrix} 1 & -1 & -1 \\ -5 & 4 & 2 \\ 3 & -2 & -1 \end{pmatrix} \begin{pmatrix} 0 & 1 & 2 \\ 1 & 2 & 3 \\ -2 & -1 & -1 \end{pmatrix} \begin{pmatrix} x \\ y \\ z \end{pmatrix} = \begin{pmatrix} 1 & -1 & -1 \\ -5 & 4 & 2 \\ 3 & -2 & -1 \end{pmatrix} \begin{pmatrix} 1 \\ 2 \\ 3 \end{pmatrix}$$

よって, $\begin{pmatrix} x \\ y \\ z \end{pmatrix} = \begin{pmatrix} -4 \\ 9 \\ -4 \end{pmatrix}$

5章

1. 1. 1   2. 5   3. 1

2. 1. $\Delta_{11} = \begin{pmatrix} 5 & 6 \\ 8 & 9 \end{pmatrix}$, $\Delta_{12} = \begin{pmatrix} 4 & 6 \\ 7 & 9 \end{pmatrix}$, $\Delta_{13} = \begin{pmatrix} 4 & 5 \\ 7 & 8 \end{pmatrix}$,

$\Delta_{21} = \begin{pmatrix} 2 & 3 \\ 8 & 9 \end{pmatrix}$, $\Delta_{22} = \begin{pmatrix} 1 & 3 \\ 7 & 9 \end{pmatrix}$ $\Delta_{23} = \begin{pmatrix} 1 & 2 \\ 7 & 8 \end{pmatrix}$,

$\Delta_{31} = \begin{pmatrix} 2 & 3 \\ 5 & 6 \end{pmatrix}$, $\Delta_{32} = \begin{pmatrix} 1 & 3 \\ 4 & 6 \end{pmatrix}$, $\Delta_{33} = \begin{pmatrix} 1 & 2 \\ 4 & 5 \end{pmatrix}$

$A_{11} = -3, A_{21} = 6, A_{31} = -3, A_{12} = 6, A_{22} = -12,$
$A_{32} = 6, A_{13} = -3, A_{23} = 6, A_{33} = -3$

2. $\Delta_{11} = \begin{pmatrix} 0 & 4 \\ 4 & -3 \end{pmatrix}$, $\Delta_{12} = \begin{pmatrix} -1 & 4 \\ 2 & -3 \end{pmatrix}$, $\Delta_{13} = \begin{pmatrix} -1 & 0 \\ 2 & 4 \end{pmatrix}$,

$\Delta_{21} = \begin{pmatrix} 3 & -2 \\ 4 & -3 \end{pmatrix}, \Delta_{22} = \begin{pmatrix} 1 & -2 \\ 2 & -3 \end{pmatrix}$, $\Delta_{23} = \begin{pmatrix} 1 & 3 \\ 2 & 4 \end{pmatrix}$,

$\Delta_{31} = \begin{pmatrix} 3 & -2 \\ 0 & 4 \end{pmatrix}$, $\Delta_{32} = \begin{pmatrix} 1 & -2 \\ -1 & 4 \end{pmatrix}$, $\Delta_{33} = \begin{pmatrix} 1 & 3 \\ -1 & 0 \end{pmatrix}$

$A_{11} = -16, A_{21} = 1, A_{31} = 12, A_{12} = 5, A_{22} = 1,$
$A_{32} = -2, A_{13} = -4, A_{23} = 2, A_{33} = 3$

3. $\Delta_{11} = \begin{pmatrix} 1 & 5 \\ 0 & -3 \end{pmatrix}$, $\Delta_{12} = \begin{pmatrix} 2 & 5 \\ -1 & -3 \end{pmatrix}$, $\Delta_{13} = \begin{pmatrix} 2 & 1 \\ -1 & 0 \end{pmatrix}$,

$\Delta_{21} = \begin{pmatrix} 3 & -1 \\ 0 & -3 \end{pmatrix}$ $\Delta_{22} = \begin{pmatrix} 4 & -1 \\ -1 & -3 \end{pmatrix}$, $\Delta_{23} = \begin{pmatrix} 4 & 3 \\ -1 & 0 \end{pmatrix}$,

$\Delta_{31} = \begin{pmatrix} 3 & -1 \\ 1 & 5 \end{pmatrix}$, $\Delta_{32} = \begin{pmatrix} 4 & -1 \\ 2 & 5 \end{pmatrix}$, $\Delta_{33} = \begin{pmatrix} 4 & 3 \\ 2 & 1 \end{pmatrix}$

$A_{11} = -3, A_{21} = 9, A_{31} = 16, A_{12} = 1, A_{22} = -13,$
$A_{32} = -22, A_{13} = 1, A_{23} = -3, A_{33} = -2$

6章

1. 1. 24　2. 30　3. -30　4. 48

2. 1. $\det \begin{pmatrix} 3 & -9 & 8 \\ 0 & -4 & 7 \\ 0 & 1 & 5 \end{pmatrix} = 3 \det \begin{pmatrix} -4 & 7 \\ 1 & 5 \end{pmatrix} = -81$

2. $\det \begin{pmatrix} 1 & 5 & 2 \\ 0 & 6 & 3 \\ -1 & 8 & 4 \end{pmatrix} = 1 \det \begin{pmatrix} 6 & 3 \\ 8 & 4 \end{pmatrix} + (-1) \det \begin{pmatrix} 5 & 2 \\ 6 & 3 \end{pmatrix}$
$= 0 - 3 = -3$

3. $\det \begin{pmatrix} 2 & 5 & -1 \\ 0 & 5 & 4 \\ 3 & 7 & -2 \end{pmatrix} = 2 \det \begin{pmatrix} 5 & 4 \\ 7 & -2 \end{pmatrix} + 3 \det \begin{pmatrix} 5 & -1 \\ 5 & 4 \end{pmatrix}$
$= -76 + 75 = -1$

4. $\det \begin{pmatrix} 0 & 2 & 1 & 1 \\ 0 & 3 & -2 & 1 \\ 1 & 1 & -2 & -2 \\ 0 & -2 & 1 & -1 \end{pmatrix} = \det \begin{pmatrix} 2 & 1 & 1 \\ 3 & -2 & 1 \\ -2 & 1 & -1 \end{pmatrix}$
$= \det 2 \det \begin{pmatrix} -2 & 1 \\ 1 & -1 \end{pmatrix} - 3 \det \begin{pmatrix} 1 & 1 \\ 1 & -1 \end{pmatrix} + (-2) \det \begin{pmatrix} 1 & 1 \\ -2 & 1 \end{pmatrix}$
$= 2 + 6 - 6 = 2$

7 章

1. 1. $C_{2,3}(-4) = \begin{pmatrix} 1 & 0 & 0 \\ 0 & 1 & -4 \\ 0 & 0 & 1 \end{pmatrix}$ 2. $C_{4,3}(x) = \begin{pmatrix} 1 & 0 & 0 & 0 \\ 0 & 1 & 0 & 0 \\ 0 & 0 & 1 & 0 \\ 0 & 0 & x & 1 \end{pmatrix}$

2. 1. $AB = \begin{pmatrix} a & d & 2d+g \\ b & e & 2e+h \\ c & f & 2f+k \end{pmatrix}, BA = \begin{pmatrix} a & d & g \\ b+2c & e+2f & h+2k \\ c & f & k \end{pmatrix}$

2. $AB = \begin{pmatrix} a & e+3p & k & p \\ b & f+3q & l & q \\ c & g+3r & m & r \\ d & h+3s & n & s \end{pmatrix}, BA = \begin{pmatrix} a & e & k & p \\ b & f & l & q \\ c & g & m & r \\ d+3b & h+3f & n+3l & s+3q \end{pmatrix}$

3. 1. 18 2. 30 3. 10 4. 9

8 章

1. 1. $AB = \begin{pmatrix} b & a \\ d & c \end{pmatrix}, BA = \begin{pmatrix} c & d \\ a & b \end{pmatrix}$

2. $AB = \begin{pmatrix} a & c & b \\ d & f & e \\ g & k & h \end{pmatrix}, BA = \begin{pmatrix} a & b & c \\ g & h & k \\ d & e & f \end{pmatrix}$

3. $AB = \begin{pmatrix} b & c & a \\ e & f & d \\ h & k & g \end{pmatrix}, BA = \begin{pmatrix} g & h & k \\ a & b & c \\ d & e & f \end{pmatrix}$

4. $AB = \begin{pmatrix} c & b & a & d \\ g & f & e & h \\ m & l & k & n \\ r & q & p & s \end{pmatrix}, BA = \begin{pmatrix} k & l & m & n \\ e & f & g & h \\ a & b & c & d \\ p & q & r & s \end{pmatrix}$

2. 1. 24 2. 1 3. 120

3. 1. 0 2. 0 3. 64 4. -360

9 章

1. 1. $\begin{pmatrix} -3 & 6 & -3 \\ 6 & -12 & 6 \\ -3 & 6 & -3 \end{pmatrix}$ 2. $\begin{pmatrix} 10 & -10 & -10 \\ 6 & 3 & -9 \\ 2 & 1 & 7 \end{pmatrix}$

3. $\begin{pmatrix} -39 & 2 & -17 \\ 0 & 10 & -20 \\ 13 & -14 & -11 \end{pmatrix}$ 4. $\begin{pmatrix} -13 & 19 & -27 \\ 5 & -7 & 11 \\ 7 & -9 & 13 \end{pmatrix}$

10 章

1. 1. $\dfrac{1}{2}\begin{pmatrix} 4 & -3 & -3 \\ -2 & 2 & 2 \\ 12 & -9 & -11 \end{pmatrix}$ 2. $\dfrac{1}{2}\begin{pmatrix} 4 & 17 & -12 \\ 0 & -3 & 2 \\ 2 & 8 & -6 \end{pmatrix}$

3. $\dfrac{1}{7}\begin{pmatrix} -7 & -1 & 3 \\ -28 & -7 & 14 \\ 14 & 4 & -5 \end{pmatrix}$ 4. $\dfrac{1}{7}\begin{pmatrix} -7 & -19 & 15 \\ 7 & 16 & -13 \\ -21 & -49 & 42 \end{pmatrix}$

2. 1. $\begin{pmatrix} 3 & 4 & -2 \\ 1 & -1 & 1 \\ 4 & 0 & 1 \end{pmatrix}\begin{pmatrix} x \\ y \\ z \end{pmatrix} = \begin{pmatrix} -3 \\ 0 \\ -2 \end{pmatrix}, \begin{pmatrix} x \\ y \\ z \end{pmatrix} = \begin{pmatrix} -1 \\ 1 \\ 2 \end{pmatrix}$

2. $\begin{pmatrix} 2 & -3 & 0 \\ 5 & 0 & 2 \\ 0 & 4 & 1 \end{pmatrix}\begin{pmatrix} x \\ y \\ z \end{pmatrix} = \begin{pmatrix} 14 \\ 14 \\ -11 \end{pmatrix}, \begin{pmatrix} x \\ y \\ z \end{pmatrix} = \begin{pmatrix} 4 \\ -2 \\ -3 \end{pmatrix}$

3. $\begin{pmatrix} 4 & 2 & 3 \\ 2 & 3 & 2 \\ 5 & -2 & 3 \end{pmatrix}\begin{pmatrix} x \\ y \\ z \end{pmatrix} = \begin{pmatrix} 6 \\ -6 \\ 27 \end{pmatrix}, \begin{pmatrix} x \\ y \\ z \end{pmatrix} = \begin{pmatrix} 5 \\ -4 \\ -2 \end{pmatrix}$

3. $\begin{pmatrix} 3 & 3 & 1 & 2 \\ 2 & -2 & -1 & -1 \\ 2 & 2 & 1 & 2 \\ 3 & 2 & 2 & 3 \end{pmatrix}\begin{pmatrix} x \\ y \\ z \\ w \end{pmatrix} = \begin{pmatrix} 9 \\ -7 \\ 6 \\ 2 \end{pmatrix}, \begin{pmatrix} x \\ y \\ z \\ w \end{pmatrix} = \begin{pmatrix} -1 \\ 4 \\ -6 \\ 3 \end{pmatrix}$

索　引

■ 欧文
Cramer の公式　187
$m \times n$ 行列　14
m 行 n 列の行列　14
$n \times n$ 行列　15
n 次正方行列　15

■ あ
一意的に解ける　4
上三角行列　98

■ か
帰納的定義（行列の）　88
基本行列　118
逆行列　70
行　14
行ベクトル　17
行列　14
行列式　8, 80
行列式の展開（1 列目）　93
　——（i 行目）　161
　——（j 行目）　155
行列の乗法　44
行列の相等　32
行列の積の非可換性　55
行列の和・差　33
係数行列　58

結合法則（行列の和）　35
　——（ベクトルの和）　23
交換法則（行列の和）　35
　——（ベクトルの和）　24

■ さ
三角行列　98, 99
下三角行列　99
小行列　89
小行列式　89
スカラー倍（行列）　36
　——（ベクトル）　24
成分　14, 17
正方行列　15

■ た
対角行列　111
対角成分　66
縦ベクトル　17
単位行列　67
転置行列　105
転置ベクトル　19

■ な
内積　28

■ は

不定　5
不能　6
分配法則（行列）　39
　　——（ベクトル）　27
ベクトル　16
ベクトルが等しい　18
ベクトルの和・差　21

■ や

余因子　89

横ベクトル　17

■ ら

零行列　38
零ベクトル　27
列　14
列ベクトル　17

〈著者紹介〉

岡部　恒治（おかべ　つねはる）

略　歴
　北海道生まれ．東京大学理学部数学科卒業，同大学院修士課程修了．埼玉大学経済学部教授を経て，現在，埼玉大学名誉教授．
　計算偏重の算数・数学教育に異論を投げかけ，独自の算数・数学教育を実践する．その一環として，理科・数学の魅力を伝える体感型ミュージアム「リスーピア」（パナソニックセンター東京内）の数学部門を監修している．
　著書に，『考える力をつける数学の本』（日本経済新聞社），『分数ができない大学生』（共著，東洋経済新報社），『マンガ・微積分入門』（講談社），『通勤数学1日1題』（亜紀書房），『通勤電車で頭を鍛える数学パズル』（三笠書房），文科省検定教科書『高等学校数学』（数研出版）などがある．

長谷川　愛美（はせがわ　えみ）

略　歴
　千葉県生まれ．北海道大学大学院理学研究科数学専攻修士課程修了，日本数学協会事務局長を経て，現在，埼玉大学出版会事業部・事業部長．"40th World Chess Olympiad"日本代表，"4th Asian Indoor & MartialArts Games"チェス部門日本代表としても活躍．
　著書に，『数学 こんな授業を受けたかった！』（日本実業出版社），『図解 ざっくりわかる！「微分・積分」入門』（青春出版社），『身近な数学の記号たち』（オーム社）などがある．

村田　敏紀（むらた　としき）

略　歴
　1993年，埼玉県生まれ．現在，埼玉大学理学部数学科在籍中．

数学のかんどころ 23

連立方程式から学ぶ行列・行列式
意味と計算の完全理解

(*Matrix and Determinant
Using Simultaneous Equations*)

2014 年 2 月 10 日　初版 1 刷発行

著　者　岡部恒治
　　　　長谷川愛美　Ⓒ 2014
　　　　村田敏紀

発行者　南條光章

発行所　共立出版株式会社
　　　　〒112-8700
　　　　東京都文京区小日向 4-6-19
　　　　電話　03-3947-2511（代表）
　　　　振替口座　00110-2-57035

　　　　共立出版ホームページ
　　　　http://www.kyoritsu-pub.co.jp/

印　刷　大日本法令印刷
製　本　協栄製本

検印廃止
NDC 411.35
ISBN 978-4-320-11063-2

一般社団法人
自然科学書協会
会員

Printed in Japan

JCOPY ＜(社)出版者著作権管理機構委託出版物＞
本書の無断複写は著作権法上での例外を除き禁じられています．複写される場合は，そのつど事前に，(社)出版者著作権管理機構（電話 03-3513-6969，FAX 03-3513-6979，e-mail: info@jcopy.or.jp）の許諾を得てください．